滨海深厚泥质软土地区
道路地基综合处理关键技术研究

主　编◎周建平

副主编◎韩顺波　黄艳梅

河海大学出版社
HOHAI UNIVERSITY PRESS
·南京·

内容提要

本书针对滨海深厚淤泥质软土地基特点，总结出一系列合理、可行的软土地基综合处理关键技术。这些技术提高了地基的稳定性，减少了地基沉降和不均匀沉陷，减轻了桥头跳车病害，工程应用效果良好，经济社会效益显著，可为其他工程提供技术依据和支持，推广应用前景广阔。这些技术研究依托瑞安万松东路二期延伸道路工程，主要包括：桩基快速施工技术、水泥搅拌桩快速检测技术、沉降测量技术、监测－预测－预警一体化系统和地基加固数值模拟等，其中多项研究内容都是国内开创性工作，如桩基快速施工、水泥搅拌桩快速检测等。许多研究成果来自于工程实践基础上的理论升华，均已在工程中得到了推广应用。

本书可供岩土工程、水利工程和交通工程等领域的科学工作者及设计施工技术人员参考，也可作为土木工程、水利工程和交通工程项目的施工参考用书。

图书在版编目(CIP)数据

滨海深厚泥质软土地区城市道路地基综合处理关键技术研究 / 周建平主编；韩顺波，黄艳梅副主编. -- 南京：河海大学出版社，2022.10
ISBN 978-7-5630-7736-6

Ⅰ. ①滨… Ⅱ. ①周… ②韩… ③黄… Ⅲ. ①软土地基－地基处理－研究 Ⅳ. ①TU471

中国版本图书馆 CIP 数据核字(2022)第 185489 号

书　　名	滨海深厚泥质软土地区城市道路地基综合处理关键技术研究
书　　号	ISBN 978-7-5630-7736-6
责任编辑	谢业保
特约校对	李纳纳
封面设计	徐娟娟
出版发行	河海大学出版社
地　　址	南京市西康路 1 号(邮编：210098)
电　　话	(025)83737852(总编室)　(025)83722833(营销部)
经　　销	江苏省新华发行集团有限公司
排　　版	南京布克文化发展有限公司
印　　刷	广东虎彩云印刷有限公司
开　　本	787 毫米×1092 毫米　1/16
印　　张	10
字　　数	218 千字
版　　次	2022 年 10 月第 1 版
印　　次	2022 年 10 月第 1 次印刷
定　　价	58.00 元

本书编委会

主　　　　编：周建平

副　主　　编：韩顺波　黄艳梅

参　　　　编：周建平　韩顺波　黄艳梅　杨登伟　万明栋　吴跃东

　　　　　　　刘　坚　范道林　刘常林　陈培军　张巨会　李　银

　　　　　　　季　林　林晓旭　刘　毅　徐远杰　陈　帅　王　鹏

　　　　　　　刘　雷　林　培

前言

　　滨海深厚淤泥质软土分布广泛，具有天然含水量高、天然孔隙比大、压缩性高、抗剪强度低、固结系数小、固结时间长、扰动性大、透水性差等特点，易造成过大的地基后期沉降、不均匀沉降和桥头跳车等一系列严重灾害。针对滨海深厚淤泥质软土地基一系列问题，本书通过室内试验、理论分析和数值模拟等手段，总结出一系列合理、可行的软土地基综合处理关键技术。这些技术提高了地基的稳定性，减少了地基沉降和不均匀沉陷，有效减轻了桥头跳车等危害，工程应用效果良好，经济社会效益显著，可为其他工程提供技术依据和支持，推广应用前景广阔。

　　本书内容共分为7章：第一章介绍滨海相淤泥质软土的物理力学特性、地基沉降病害及其监控技术研究现状；第二章介绍软土地基常规处理技术，包括预压法、强夯法、振冲碎石桩法、预应力管桩法、水泥搅拌桩法、蓝派击实法等；第三章介绍了预应力管桩快速连接装置、预应力管桩垂直度快速检测设备和灌注桩淤泥上造浆技术等；第四章针对水泥搅拌桩体的质量检测滞后的问题介绍了一种基于示踪剂的及时快速检测方法；第五章针对不均匀沉降的观测技术介绍了一种高精度大量程激光型道路沉降观测设备，通过不动基准点设置在施工区域外观测的装置解决了传统方法基准点选取困难及观测点压实质量难保证的问题；第六章根据沉降观测数据分析整理计算方法，提出了监测—预测—预警一体化系统，通过对施工期沉降的监测数值计算来预测工后沉降值；第七章介绍了滨海相淤泥质软土地基加固的数值模拟研究。

　　本书的研究工作得到了中国水利水电第七工程局有限公司、疏浚技术教育部工程研究中心和江苏省岩土工程技术工程研究中心等资助，在研究过程中得到了河海大学的大力支持，在技术应用过程中得到了中国水利水电第七工程局有限公司万松东路延伸工程二期位于温州瓯飞工程项目部的支持。项目研究人员韩顺波、黄艳梅、杨登伟、万明栋、吴跃东、刘坚、范道林、刘常林、陈培军、张巨会、李银、季林、林晓旭、刘毅、徐远杰、陈帅、王鹏、刘雷、林培等在书稿撰写和修订工作中付出辛勤劳动。在此向本书研究和写作过程提供资助和帮助的单位和人员一并表示衷心感谢。

周建平

2021 年 12 月

目 录

第一章

绪论

1.1 滨海相淤泥质软土的物理力学特性

1.1.1 物理特性

滨海相淤泥质软土是淤泥和淤泥质土的统称。它是一种分布广泛的特殊岩土,一般情况下对工程建设有很大的危害。淤泥质软土是在静水或缓慢的流水环境中沉积,经物理、化学和生物化学作用形成的未固结的软弱细粒或极细粒土,属现代新近沉积物。淤泥质软土按孔隙比可分为淤泥($e \geqslant 1.5$,IL>1.0)和淤泥质土($1.0 \leqslant e < 1.5$,IL>1.0)。

滨海相淤泥质软土的物理特性主要有:

(1)外观及组成上,滨海相淤泥质软土含有很多的细颗粒及大量的有机物腐殖质,颜色呈深灰或暗绿色,有臭味。

(2)天然重度小。淤泥质软土工程性质差,多以软塑或流塑态存在,一经扰动,其结构容易遭受破坏而产生流动。其天然重度约14.9~18 kN/m³。

(3)天然含水量高,孔隙比大。一般来说天然含水量$\omega = 40\% \sim 90\%$,特别情况甚至会超过100%。含水量通常与液限呈正比关系,随着液限增加,软土含水量也随之增加。孔隙比$e \geqslant 1$,范围一般在1.0~2.0。孔隙比越大,表明土中孔隙所占体积越大,则土质越疏松,越易被压缩,土的力学强度也越低。

软土主要由黏土粉粒组成,常含有有机质。有的黏土粉粒含量可高达60%~70%,而且黏土矿物颗粒很小,呈薄片状,表面带负电荷,在黏土颗粒的四周吸附着大量的偶极化分子。软土层在沉积后常形成絮凝状结构,这也是造成其含水量大的原因之一。此外,软土还具有较大的吸力和吸附力。

1.1.2 力学特性

滨海相淤泥质软土力学特性主要有:

(1)压缩性高,属高压缩性土。滨海相淤泥质软土的压缩系数a_{1-2}一般在0.5~1.5 MPa^{-1}之间,有些高达4.5 MPa^{-1},压缩变形大,且其压缩性往往随着液限的增大而增加。

(2)抗剪强度低。内摩擦角一般为1°~3°,黏聚力一般为9~15 kPa,天然不排水抗剪强度一般小于20 kPa。经排水固结后,软土的抗剪强度虽有所提高,但由于软土孔隙水渗出很慢,其强度增长也很缓慢。

(3)渗透性低。由于大部分软土地层中存在着带状砂层,所以在垂直方向和水平方向的渗透系数k值不一样,一般垂直方向的要小。滨海相淤泥质软土的渗透系数一般在$10^{-8} \sim 10^{-11}$ m/s之间,固结过程很慢。

（4）流变性显著。其长期抗剪强度只有一般抗剪强度的 0.4～0.8 倍，次固结随时间增长。

（5）不均匀性。受沉积环境的影响，软土层中夹薄层粉土、黏性土或粉细砂透镜体，水平和垂向不均匀，各向异性明显，物理力学性质相差较大，土质均匀性差。

1.2 滨海深厚淤泥质软土地基沉降病害

1.2.1 病害机理

由于淤泥质软土具备上述的物理力学性质，故其在工程上可划归为特殊危害性土层。滨海深厚淤泥质软土地基的性质因地而异，因层而异，不可预见性大。在设计、施工过程中，稍有疏忽就会出现质量事故。一方面，会引起上部建筑的开裂，给建筑的安全性和使用性带来影响；另一方面，可能诱发下部管道弯曲、破裂，造成一定的次生灾害。另外，低渗透性的淤泥质土不利于基坑降水，开挖形成的高陡边坡在振动荷载或是上部加载情况下可能诱发基坑失稳。在工程建筑中，必须引起足够的重视。常见的病害产生原因有[①]：

（1）勘察设计不详细或不准确，导致对应该作加固处理的地段未作处理设计，此类工例不少，在施工中经常会出现这种现象。

（2）已知是软土地基，但是未做好软土地基处理，造成路堤失稳或危及临近建筑物。如汕头磊口大桥引道，由于高填土引起线外地表隆起，民房受损，路基难以稳定，只好增加桥梁长度。建成后一段时间，仍然出现锥坡不均匀下沉。又如中山市附近的狮窖口桥，原设计是拱式桥跨，台背填土较高，由于高填土的推力作用和地基严重下沉，使桥台被推坏，拱体损伤，新路旁的旧公路被挤移，将一条近 10 m 宽的水沟填塞，路外厂房和民房受损，迫不得已改变桥型（原拱桥拆掉重建梁桥），增加桥长，降低路堤高度。

（3）虽然作了软土地基处理，但是措施不力，施工不当造成路堤失稳。如珠海南屏桥引道，虽然软土采用砂井结合分级加载预压处理，路堤填土高达 7 m，但在南岸砂井施工完成后，填土仅到 2.5 m 高（第一级加载）时就发生破坏，而北岸在第三级填土完成时也发生了破坏。经分析，原因是地质资料不准确，填土速度过快，后加的反压护道又阻塞了砂垫层的排水通道。最后采取了挖深边沟排水（挖边沟时，原路堤底有大量的水流出），用袋装砂井（原先的砂井是无袋砂井）和铺土工布进行修复。

（4）堆料不当，未按规定分层填筑，填土过快，碾压不当，造成路堤失稳。广东新会虎坑大洞桥的引道，原设计对软基都作了袋装砂井结合砂垫层加固处理，由于投资限制，大

---

① 马小锋. 浅谈软土地基处理方法[J]. 山西建筑,2008,(01):121-122.

部分路段的处理被取消。在施工过程中,有几处路堤发生滑塌现象,通车后整个路段不均匀沉降明显。主要原因有堆料不当、未按规定分层填筑、未作施工观测、填土过快及碾压不当等。其填料采用开山石渣土,其中含有大块石,运料没有做到均匀卸土,合理分层,而是堆成厚层采用强振碾压,导致强度很低、灵敏度很高的软土地基受到破坏。

(5) 扰动"硬壳层"或填筑不当,使"硬壳层"遭受破坏,导致路堤失稳。软土地基上部往往有一层强度比软土高的土层,被称为"硬壳层"。"硬壳层"可以起到承重和扩散应力作用,利用好"硬壳层"对于减少工程投资有重要意义。有的地区甚至认为,有"硬壳层"存在的软土地基,可不作特殊处理,充分利用"硬壳层"的扩散应力作用,采取预压措施,即可保持填筑路堤的稳定。但若对"硬壳层"的利用做得不好,则达不到预想的效果。

(6) 由于台背填土使地基对结构物产生负摩阻力和纵向推挤作用,引起桥台发生变位以致损坏。在软土地基上的桥台,基础不论是用支承桩或是摩擦桩,由于台背填土引起软土层发生较大的沉降,对桥台及桩基础产生纵向推挤向河中方向和负摩擦力作用,轻则使桥台发生位移或下沉,重则损坏桥台危及桥墩,这种现象尤以轻型桥台为甚。此类现象出现给不少工程的进展和完工后的使用带来不利影响:如台背填土引起桥台向桥跨方向发生水平变位;先做桥台,后做锥坡及台背填土,锥坡没有按设计图纸做足,台背填土时把轻型桥台推坏;由于负摩擦力作用,引起桥台下沉。

1.2.2 病害危害

地面沉降多发生在华北、长三角、珠三角、黄淮海、汾渭、东北等经济相对发达的平原或滨海城市,不仅导致建筑物破坏、道路开裂、城市排水不畅,还减少城市高程资源,削弱城市抵抗风暴潮能力、城市排洪能力等,对民生经济造成大量损失。如在广州由建筑荷载引起的软土地基沉降面积达 183 km²,沉降量 5~130 cm 不等,损毁房屋 658 栋(间)、道路16.55 km、堤坝 2.1 km、地下管线 130 m、桥梁 6 座、港口码头 1 座,造成经济损失 145 亿元。

据统计,地面沉降已引起 89 个城市共 34 108 km² 面积的高程资源损失,毁坏房屋7 413 间,毁坏道路桥梁等不计其数,影响到城市 28 361 人生命安全,造成直接经济损失2 513 亿元、间接损失 22 762.4 亿元。[①]

滨海深厚淤泥质软土由于压缩性高、强度低等物理力学特性,导致地基沉降大,且多为不均匀沉降;由于含水量高、渗透性差,在固结过程中气和水的排出速度慢,使得软土地基的后期沉降量较大。处理软土地基有多种方法,如果处理不当,就会直接造成路基失稳或工后沉降过大,出现路基纵、横向断裂等病害,例如:软土地基上填筑路堤时,如果软土层滑动,路基就会失稳,将会造成重大损失;在填土荷载的作用下,地基产生的不均

---

① 刘长礼,林良俊,张云,等.全国主要城市环境地质问题及其对策[M].武汉:中国地质大学出版社.2016.

匀沉降将导致路面结构损坏,致使路面使用功能下降,在与桥梁等结构物连接处也会产生差异沉降,不仅会直接影响结构物的安全,而且车辆的激烈跳动严重影响行车的流畅性和乘客的舒适性,甚至可能引发交通事故。

引起桥头跳车的主要原因有地基不均匀沉降、结构物刚度差异及施工质量不到位等。就城市道路路况而言,主要是柔性道路与刚性结构物之间的连接处发生不均匀沉降,致使错台产生。桥梁与路基的刚度、强度、胀缩性等存在差异,且桥头连接处受力时易形成应力集中,在车辆荷载、结构自重、自然因素等作用下,桥梁与道路的沉降量有很大差异,道路的沉降量远大于桥梁的沉降量,形成错台,导致行车时发生桥头跳车。

1.3 滨海软土地基监控技术研究现状

1.3.1 地基监测技术

软基路堤的施工应注意填筑过程中和竣工后的固结、强度和位移的变化,这不仅是发展理论和评价效果的依据,同时也可及时防止因设计和施工不完善而引起的意外工程事故发生。道路的沉降直接反映地基的固结水平及运营阶段跳车灾害可能性,准确监测道路的沉降尤显重要。

软土路基的观测项目包括三类:变形(位移)观测、应力观测和强度观测。变形观测包括沉降观测和水平位移观测;应力观测包括土压力观测、孔隙水压力观测;强度观测仅指地基承载力观测。

(1)沉降

地基的沉降控制是建筑物稳定的重要保证,施工中沉降变形值是地基处理的重要指标。软土沉降具有渐进性、长期性和隐蔽性等特点,地基沉降分为表面沉降和深层沉降,现场的表面沉降采用光学水准仪(配表面沉降点或道钉)、静力水准仪、激光测距仪。土体的深层沉降采用光学水准仪(配沉降板)、静力水准仪和分层沉降仪。水准测量的优点是精度高、可靠性高,缺点是周期长、测量范围小、效率低、成本高,无法实现大范围应用。

① 光学水准仪

水准仪测量是一种利用水平视线,并借助水准尺测定地面两点间高差,进而由已知点高程推算未知点高程的方法,如图 1-1 所示。设在地面 A 和 B 两点上竖立水准尺,在 A 和 B 两点之间安置水准仪,利用水准仪提供一条水平视线,分别截取 A、B 两点视距尺上的读数 a、b,可以得到式(1-1)。

$$H_A + a = H_B + b \qquad (1\text{-}1)$$

式中,H_A 和 H_B 分别为 A 和 B 点的高程,a 和 b 分别为 A 和 B 点的水准尺读数。如果 A

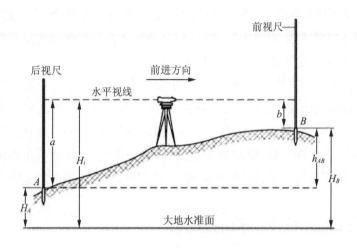

图 1-1 水准仪的测量原理

为基准点，且 A 点的高程已知，则 B 点的高程为

$$H_B = H_A + a - b \tag{1-2}$$

在不同时间段测量 B 点的高程并进行比较，即可获取 B 点的沉降。如果测点 B 离基准点较远，高程差较大或遇到障碍物使视线受阻，可采取分段、连续设站的方法进行测量，如图 1-2 所示。在路线中间需要设置一些临时高程传递点 TP（也称转点）来完成测量工作。最终，通过高程的传递获取 B 点的高程

$$H_B = H_A + a_1 - b_1 + a_2 - b_2 + \cdots + a_n - b_n \tag{1-3}$$

式中 a_1、$a_2 \cdots a_n$ 为水准尺的后视读数；b_1、$b_2 \cdots b_n$ 为水准尺的前视读数。

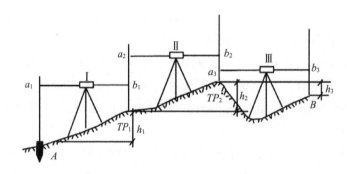

图 1-2 水准仪的多站点测量示意图

对于土体表面沉降的测量采用水准仪配合地表沉降点使用。地表沉降观测点用 F20 的螺纹钢埋入地面以下并保证进入土层 30 cm 以上，如图 1-3 所示。测点位置如果存在混凝土等硬层时，要用测点钢筋打入土层中，孔中用细砂回填，并在测点表面布设保护盖。

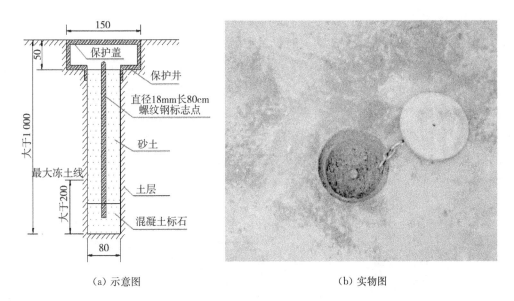

（a）示意图 （b）实物图

图 1-3　地表沉降观测点的结构图

对于地基深层沉降的量测采用水准仪配合沉降板。沉降板由钢板、测杆和保护套管组成，如图 1-4 所示。底板尺寸为 120 cm×50 cm×3 cm，测杆采用 Φ40 mm 的钢管，垂直固定于底板。外围保护套采用塑料套管或钢管套管，套管尺寸以能套住测杆并使标尺能进入测头为宜。套管的作用是隔离土和内部测杆的接触，保障测杆在底部钢板沉降时可以自由下落，真实反映底部钢板处的沉降程度。测杆和套管的端口一般设计为螺纹，便于接高，满足堆载预压地基处理中填土不断增高的要求。用于接高的测杆和套管每节长度不超过 55 cm。接高后测杆顶面应略高于套管上口。不测量时套管上口用管帽封住，避免填料落入管内而影响测杆自由下沉。

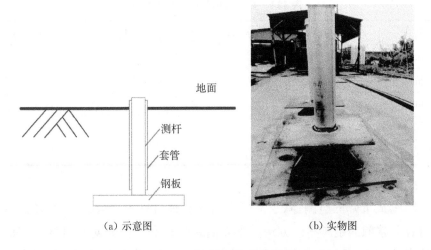

（a）示意图 （b）实物图

图 1-4　沉降板的结构图

② 静力水准仪

静力水准仪主要用于进行地基表面和深层沉降的自动化、全天候监测。静力水准仪利用连通器的原理，多个静力水准仪通过连通管（气管和液管）串联在一起，液面总是处于同一水平位置。在每个静力水准仪内部，通过浮筒测量液面高度，经过计算可获取每个静力水准仪相对于储液罐的相对高程差，如图1-5所示。根据上述原理，每个静力水准仪由液位传感器（或差压传感器）、气腔、水腔、浮筒及各种接头组成。为了满足低温工作的要求（温度小于0℃），静力水准仪内部采用防冻液替代水，避免液体结冰影响测量精度。

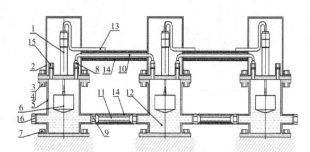

1—液位传感器；2—保护罩；3—螺母；4—螺栓；5—液缸；6—浮筒；
7—地脚螺栓；8—气管接头；9—液管接头；10—气管；11—液管；
12—防冻液；13—导线；14—PVC钢丝软管；15—气管堵头；16—液管堵头

图 1-5 静力水准仪结构示意图

静力水准仪的测量部件是液位传感器，根据其精度和量程，静力水准仪的性能指标见表1-1。其量程范围为50～2 500 mm，精度为0.2～2.5 mm，可以满足大部分岩土工程中岩土体和建（构）筑物沉降的测量要求。

表 1-1 静力水准仪主要性能指标

量程	精度	分辨率	工作温度	过载
50 mm	0.2 mm			
100 mm	0.3 mm			
200 mm	0.5 mm	0.01 mm	0～60℃（水） −40～85℃（冷冻液）	1.5 倍满量程
1 000 mm	1.0 mm			
2 500 mm	2.5 mm			

③ 激光测距仪

对于距离或沉降的监测，除了上述介绍的几种与目标接触的方法，还可以使用激光测距这种非接触的距离测量方法。激光测距是指利用激光对与目标之间的距离进行准确测定的方法，所使用的仪器称为激光测距仪。激光测距仪在工作时向目标射出一束很细的激光,由光电元件接收目标反射的激光束,计时器测定激光束从发射到接收的时间,计算出从观测者到目标的距离。激光测距仪重量轻、体积小、操作简单、速度快而准确,其误差仅为其他光学测距仪的五分之一到数百分之一,因而被广泛用于地形测量等距离测量工作中。现有的激光测距仪的测距原理主要有脉冲式测距法、相位式测距法和三角测距法。

（2）水平位移

地基的水平位移监测分为深层水平位移监测和表面水平位移监测,其中深层水平位移监测可采用测斜仪、电测位移计和挠度计等,测量表面水平位移可采用全站仪、三维激光扫描仪、卫星定位系统、图像处理技术和遥感技术等。

（3）土压力

在土体中用于测量土压力的仪器称为土压力传感器。在测量过程中,需要匹配相应的数据采集仪,其最大测量范围应至少大于该点处最大土压力设计值的50%。由于土压力具有方向性,土压力传感器需按水平和垂直方向成对埋设。如果考虑土体的三维土压力,需在相同位置埋设3个不同方向的土压力传感器。根据传感器外形,土压力传感器可分为刚性土压力盒和柔性土压力计,如图1-6。

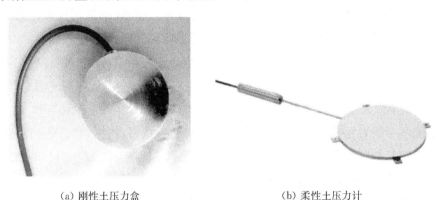

(a) 刚性土压力盒   (b) 柔性土压力计

图1-6 土压力盒实物图

（4）孔隙水压力

地基的变形和稳定是由土体的有效应力决定的,在地基监测技术中不仅要测量土压力,还需测量孔隙水压力。不同于土压力这种固体压力的测量,孔隙水压力测量属于液体压力的测量范畴,测量过程中需要去除岩土体的影响。因此,采用顶部配有透水石的压力传感器来测量,如图1-7所示。孔隙水压力传感器,又称渗压计,一般包含压力传感器、孔压接头和透水石等部件。其中透水石的作用是阻挡土体,允许水和气的流动,传递孔隙水压力;它一般由石粒和水泥等胶结剂制成,内部存在大量连通的孔隙。一般要求透水石的渗透系数大于 10^{-5} m/s。目前一些新型的透水部件也使用在孔隙水压力传感器上,如采用金属颗粒和胶结剂制成的金属透水石、采用黏土烧制的陶瓷透水石等。

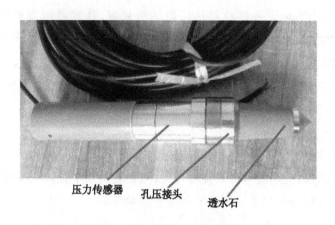

压力传感器　　孔压接头　　透水石

图 1-7　孔隙水压力传感器实物图

孔隙水压力传感器中压力传感器是能感受液体压力信号,并按照一定的规律将压力信号转换成可用输出信号的器件或装置。针对电信号处理和输出,微机电系统(MEMS)已广泛应用,大大缩小了压力传感器尺寸。现有的最小型的 MEMS 压力传感器模块的尺寸已小于 3 mm。虽然电信号处理电路相似,但压力传感器的种类繁多。根据测量原理,压力传感器可分为应变式压力传感器、压阻式压力传感器、电容式压力传感器、电感式压力传感器、霍尔式压力传感器、振弦式压力传感器和光纤式压力传感器等。值得注意的是,地基监测技术中孔隙水压力测量一般为静态压力测量,压电式压力传感器并不适用。

(5) 地基承载力

天然地基承载力和搅拌桩的单桩、多桩及桩间土承载力,均可通过现场载荷试验作承载力的测定和加固效果的检验。对于粉喷桩的载荷试验应至少在一个月龄期后进行,也可按试验分析需要确定载荷试验时间。

① 荷载板的埋设。载荷试验的压板可为圆形或矩形。单桩载荷试验的压板直径与桩径相等,单桩复合地基载荷试验压板的面积应为一根桩承担的处理面积;多桩复合地基载荷试验压板的尺寸按实际桩数所承担的处理面积确定。桩间土载荷试验压板的尺寸应限于桩间天然地基面积之内。

压板底高程应与地基顶面高程相同,压板下宜设中、粗砂找平层。

② 总加载量不宜小于设计要求值的两倍,加荷等级可分为 8~12 级。当加载量尚未超过设计要求值时,1 h 内垂直变形增量小于 0.1 mm 才可加下一级荷载;当加载量大于设计要求值后,1 h 内垂直变形小于 0.2 mm 即可加一级荷载。

③ 当出现下列现象之一时,可终止试验:(ⅰ) 沉降急剧增大,土被挤出或压板周围出现明显的裂缝,其对应的前一级荷载为极限荷载;(ⅱ) 总加载量已达设计要求值的两倍以上;(ⅲ) 累计沉降大于压板宽度的 10%。

④ 承载力的确定:(ⅰ)当极限荷载能确定时,取极限值的一半;(ⅱ)如总加载量已达设计要求值的两倍以上,取总加载量的一半;(ⅲ)按相对变形值确定,根据设计对沉降的要求和桩端土层的软硬,可取沉降为 0.004~0.010 倍底板宽度时的荷载值,当加载量小于该荷载值的 1.5 倍时,取总加载量的一半。

1.3.2 地基沉降控制技术

软土地基发生沉降会使道路整体结构破坏,从而降低地基承载能力。沉降控制技术是要根据地基处理的规模、用途、结构形式以及有关地基条件等,采用一些有效和经济的方法以降低沉降量和差异沉降量或是提高结构的抗沉降变形能力。目前差异沉降的控制方法主要有预抛高法、地基置换处理技术、轻质土置换处理技术、复合地基处理技术等,针对特殊条件也研发应用了多种新型地基处理技术[①]。软土地基常规处理技术将在第二章进行详细介绍,在此不再赘述。

(1)预抛高法

预抛高是指在路基填筑到路床顶面至路面通车后若干年这段时间内,根据实测的荷载-时间-沉降曲线预测路基沉降量,并将此沉降量预先填筑在路基上,以延缓过渡段沉降,确保路基施工工期、工后沉降及工程质量满足规范要求。预抛高控制技术因其方便施工设计的优势被许多道路工程所采用。由于缺陷责任期时间为两年,因此可以采用预抛高方法满足缺陷责任期要求。

沉平控制时间是指在设置路堤预抛高后,此时路面实际高程大于设计高程,在通车后某一控制时刻,路面高程下沉到设计高程。一般情况下,预抛高设计以通车后 1 年作为沉平控制时间,路堤预抛高按下式计算:

$$h_a = s_{tc} - s_{t0} \tag{1-4}$$

式中:h_a—路堤的预抛高量;

s_{tc}—沉平控制时间内的预测沉降;

s_{t0}—道路竣工的预测沉降。

(2)地基置换处理技术

利用物理力学性质较好的岩土材料置换天然地基中部分或全部软弱土体,形成双层地基或复合地基。地基置换处理技术可分为挖除换填法、抛石挤淤法和强夯置换法。挖除换填法主要用于浅埋层软土的处理,一般处理深度不大于 2 m,最大处理深度不大于 3 m;抛石挤淤法因处理后的不均匀性和质量检查等方面原因,已较少应用;强夯置换法主要用于山间片石料来源丰富的谷地相软土处理,处理深度一般控制在 8 m 以内。

---

① 孙红林. 高速铁路软土路基地基处理与沉降控制探究[J]. 铁道建筑技术,2017(05):1-10.

（3）泡沫轻质土置换处理技术

泡沫轻质土是用物理方法将发泡剂水溶液制备成泡沫，与水泥浆（可添加外加剂）按照一定的比例混合搅拌，并经物理化学作用硬化形成的一种固体轻质材料。具有容重小，易充填狭小空间，均匀性好、质量易控等特点。湿密度为 0.55～0.60 kg/m³ 时强度可达 450～470 kPa。利用置换原理减小作用于地基土中的附加应力，控制总沉降和工后沉降。该技术首次应用于杭州东站出租车通道与站房联系通道车站深厚软土路基处理，两通道间宽 23.5～70.6 m、长 287 m、深 8.1～9.3 m 狭长形基坑内分布有多个异形桩基承台。坑底下伏 40 m 厚冲海积相软土，基坑回填后填筑 26 股道正线和到发线路基。为解决回填质量、工后沉降和差异沉降问题，相关学者对级配碎石、轻质土置换两大方案进行了分析比较，研究表明轻质土方案实测总沉降小于 2.0 cm。该技术应用 4 年来，所涉工程的路基性能良好。

（4）复合地基处理技术

广义复合地基是指天然地基在地基处理过程中部分土体得到增强或被置换，或在天然地基中设置加筋材料，加固区是由基体（天然地基土体）和增强体两部分组成，共同承担上部荷载的人工地基。按竖向加固体材料粘结强度和刚度分为散体材料桩复合地基如碎石桩复合地基；柔性桩复合地基如水泥搅拌桩、高压旋喷桩复合地基；刚性桩复合地基如 CFG 桩、高强度预应力管桩复合地基。需要指出的是，刚性桩复合地基的形成是依据垫层或基础刚度、桩端持力层模量以及桩间土特性确定的，在保证基体和增强体共同承担上部荷载时才能视为复合地基，否则应视为桩基础或桩筏基础，或"桩承式"路基。

在铁路软土地基处理中，应用较为广泛的是柔性桩复合地基和刚性桩复合地基。学者们曾对这两类复合地基开展过大量试验研究，包括其适宜性、工作机理、计算分析方法、有效加固深度、工艺参数、质量控制和检验方法等。如昆山试验段曾对深层搅拌桩进行了系统研究；铁路软土地基沉降控制等对低强度素混凝土 CFG 桩进行了系统研究；结合沿海铁路建设对高强预应力管桩处理超软海相淤泥进行了系统研究。

加固深度方面，根据现场试验结果结合施工装备水平，深层搅拌桩处理深度一般控制在 15 m 以内，最深不宜超过 18 m；高压旋喷桩可适当大些，但也不宜大于 30 m；CFG 桩一般要求控制在 20 m 以内，最大不宜超过 25 m；预应力管桩主要受长径比和接头控制，最大处理深度为 48 m（沿海铁路）。

为充分发挥刚性桩竖向承载性能高的特点，一般调整柔性填土荷载基底应力分布、均化基底沉降，提高复合地基整体性和刚度。刚性桩复合地基需在桩顶设置小型承台，如预应力管桩桩帽或素混凝土桩扩大桩头等，桩顶以上设 0.4～0.6 m 厚加筋碎石垫层，形成"桩网结构"。

（5）其他新型地基处理技术

在原有地基处理方法的基础上，结合公路路基和处理工法特点，对部分处理方法进行了研发和再创新，如换填法的冲击压实技术、排水固结法的增强式真空预压技术、复合地基中的布袋注浆桩、袖阀管注浆技术，大直径现浇薄壁管桩、碎石注浆桩、渣土桩、钉形深层搅拌桩、灰土挤密桩、钢管灌注混凝土微型桩、载体桩等，以及以上两种方法的组合方案，如长板短桩、长短桩组合、CFG 桩联合布袋注浆桩技术等。

第二章
软土地基常规处理技术

2.1 前言

对于在软土地基上进行施工的道路和建筑工程,需在施工时采取一定的措施,以避免由于地基软弱而出现路基失稳以及沉降量不受控制的现象,同时可以有效保证工程的使用寿命和安全。国家建设部对建筑工程提出了更高的要求,这使行业内人士对软土地基处理技术越发重视,希望通过此项技术在工程中的有效应用,来解决软土地基承载力低的问题,进一步提高软土地基的稳定性,从而使软土地基可以满足岩土工程的建设需求。

软土地基处理技术有很多,本章将从加固机理、施工工艺和加固效果三方面具体介绍几种软土地基常规处理技术。根据具体工程条件,合理选用地基处理方法非常重要。这不仅影响地基处理效果,而且也会造成工程投资费用的差异。对软土地基处理技术的有效应用体现了更高的现实意义。

2.2 堆载预压法

2.2.1 加固机理

堆载预压是工程上应用广泛,行之有效的一种方法,它分为超载预压和等载预压。堆载一般用填土、砂石等散粒材料,大面积施工时通常采用自卸汽车与推土机联合作业。对油罐、水池等建筑物,在管道连接前通常先进行充水预压;对堤坝、堆场等工程,则以其本身的重量有控制地进行逐级加载,直至设计标高。

加固类别属于排水固结,其加固机理为在地基中设置排水通道砂垫层和竖向排水系统(竖向排水系统通常有普通砂井、袋装砂井、塑料排水带等),以缩小土体固结排水距离,地基在预压荷载作用下排水固结,地基产生变形,同时强度逐步提高。卸去预压荷载后再建造建(构)筑物,地基承载力提高,沉降减小。适用于软黏土、杂填土、泥炭土地基等。

2.2.2 施工工艺

从工程施工角度分析,要保证排水固结法的加固效果,需做好三个环节。首先按设计做好排水系统的施工,即铺设水平排水砂垫层、打设竖向排水井;第二要严格做好预压荷载的施工,确保在预压加固全过程中保持均匀稳定;第三要做好对工程施工起控制作用的监测和加固效果检验,每个环节所用材料、施工工艺及传感元件、仪器等,都必须符合技术要求,它关系到用该法加固软黏土地基的效果。

堆载预压法采用如下工艺流程：

（1）砂井成孔：先用打桩机将井管沉入地基中预定深度后，吊起桩锤，在井管内灌入砂料，然后再利用桩架上的卷扬机吊起振动锤，边振动边将桩管向上拔出；或用桩锤，边锤击边拔管，每拔升 30～50 cm，再复打桩管，以捣实挤密形成砂柱，如此往复，使拔管与冲击交替重复进行，直至砂充填井孔内，井管拔出。拔管的速度控制在 1～1.5 m/min，使砂子借助重力留于井孔中形成密实的砂井；亦可二次打入井管灌砂，形成扩大砂井。

（2）当桩管内进泥水，可先在井管内装入 2～3 斗砂将活门压住，堵塞缝隙。

（3）采用锤击法沉桩管，管内砂子亦可用吊锤击实，或用空气压缩机向管内通气（气压为 0.4～0.5 MPa）压实。

（4）打砂井应从外围或两侧向中间进行，砂井间距较大的可逐排进行。打砂井后表层会产生松动隆起，应进行压实。

（5）灌砂井中砂的含水量应加以控制，对饱和土层，砂可采用饱和状态。对非饱和土和杂填土，或能形成直立孔的土层，含水量可采用 7%～9%。

（6）砂井顶面铺设排水砂垫层，分层铺设、夯实。

（7）大面积堆载可采用自卸汽车与推土机联合作业。对超软土的地基的堆载预压，第一级荷载宜用轻型机械或人工作业。预压荷载一般取等于或大于设计荷载。有时加速压缩过程和减少建（构）筑物的沉降，可采用比建（构）筑物重量大 10%～20% 的超载进行预压。

（8）加载应分期分级进行，加强观测。对地基垂直沉降、水平位移和孔隙水压力等应逐日观测并做好记录，一般加载控制指标是：地基最大下沉量不宜超过 10 mm/d；水平位移不宜大于 4 mm/d；孔隙水压力不超过预压荷载所产生应力的 50%～60%。通常情况下，加载在 60 kPa 前，加荷速度可不受限制。

（9）预压时间应根据建（构）筑物的要求以及固结情况确定，一般达到如下条件即可卸荷：

① 地面总沉降量达到预压荷载下计算最终沉降量的 80% 以上；

② 理论计算的地基总固结度达 80% 以上；

③ 地基沉降速度已降到 0.5～1.0 mm/d。

堆载预压法施工时应注意如下问题：

（1）单元堆载面积要足够大。为了保证深层软基加固效果，堆载的顶面积应不小于建筑物底面积。当软基比较深厚时，考虑荷载的边界作用应适当扩大堆载的底面积，以保证建筑物范围内的地基得到均匀加固。

（2）堆载要严格控制加荷速率,合理选定分级荷载大小,保证在各级荷载下地基的稳定性,堆载时宜边堆边摊平,避免部分堆载过高而引起地基的局部破坏。

（3）对超软黏性土地基,首先应设计好持力垫层,对其分级荷载大小、施工工艺更要精心设计以避免对土的扰动和破坏。

（4）堆载预压荷载是根据堆载材料的特性计算的,当预压固结沉降较大时,堆载材料已浸入水位以下时,应增加堆料荷载以弥补堆载材料浸入水中的荷载损失。

2.2.3 加固效果

堆载预压作为软基处理的常用方法,其处理方法和工艺比较成熟,处理效果比较明显。综合相关研究结果,总结可得:

（1）堆载预压加固软基效果明显,成本较低;

（2）堆载预压法加固软基,堆载过程中地基土产生的侧向挤出变形,在荷载作用下地基土发生固结,强度增长,可以加快堆载速度而不至于发生失稳破坏;

（3）卸除堆载将使土的次压缩系数减小,且卸载越大,次压缩系数减小越显著,发生次压缩的时间越推迟;

（4）加固深度较大,有效减少了工后沉降,根据相关实测沉降资料,能消除软弱下卧层部分次固结沉降。

另外有不少研究成果表明,超载预压不仅能消除永久荷载下固结沉降而且可减小永久荷载下的次压缩沉降。

2.3 真空预压法

真空预压法是排水固结法处理软土地基的有效方法之一,它是利用专用设备,通过抽真空在地基中产生负压,使土体孔隙中的水分排出,达到提高地基承载力,减小工后沉降的目的。该方法适用于软黏土地基以及无法堆载的倾斜地面和施工场地狭窄的地基处理。

2.3.1 加固机理

真空预压法的加固类别属于排水固结,是在需要加固的软黏土地基内设置砂井或塑料排水带,然后在地面铺设砂垫层,其上覆盖不透气的密封膜与大气隔绝,通过埋设于砂垫层中带有滤水孔的分布管道,用真空装置进行抽气,因而在膜内外形成大气压差。由于砂垫层和竖向排水井与地基土界面存在这一压差,土中的孔隙水发生向竖井的渗流,使孔隙水压力不断降低,有效应力不断提高,土体逐渐固结。真空预压增加有效应力的原理如图 2-1 所示。在抽真空前,地基处于天然固结状态,对于正常固结黏土层,其总应力为土的自重应力,孔隙水压力为地下水位以下的静水压力,膜内外的气体压力均为大气压力 P_a。抽气后,膜内气压力从大气压力 P_a 降低至 P_v 形成压差 $\Delta P = P_a - P_v$,工程上称此压差为"真空度"。该真空度通过砂垫层和竖井作用于地基土,从而引起土中孔隙水向排水井和砂垫层的渗流,孔隙水压力逐渐降低,有效应力不断提高。因此真空预压加固地基的过程是在总应力不变的条件下,孔隙水压力降低、有效应力增加的过程。

真空预压地基的固结是在负压条件下进行的,工程经验和室内试验及理论分析均表明,真空预压法加固软土地基同堆载预压法除侧向变形方向不同外,地基土体固结特性无明显差异,固结过程符合负压下固结理论。因此真空预压加固中竖向排水体间距、排列方式、深度的确定、土体固结沉降的计算,一般可采用与堆载预压基本相同的方法进行。

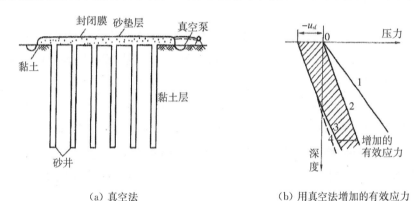

（a）真空法　　　　　　　　（b）用真空法增加的有效应力

1—总应力线；2—原来的水压线；3—降低后的水压线；4—不考虑排水井内水头损失时的水压力线

图 2-1　真空预压法的原理

2.3.2　施工工艺

在完成排水系统设计与施工后,为了保证地基在较短的时间内受到均匀的预压荷载,达到满足设计要求的加固效果,必须采用抽真空和竖向排水体这个整体工艺,起到力的共同分布和传递作用。采用先进的抽真空设备和真空预压荷载施加工艺,为确保各环节的施工质量,采用如下工艺流程(图 2-2):

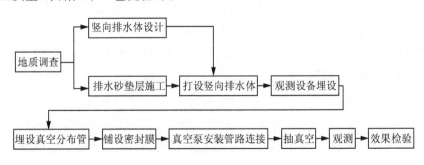

图 2-2　真空预压法工艺流程

施工要点如下：

（1）铺设水平排水垫层：当地基表层能承受施工机械运行时，可以用机械分堆摊铺法铺砂，汽车运进的砂料先卸成若干砂堆，然后用推土机摊平；当地基表层承载力不足时，一般采用顺序推进摊铺法，即汽车倒进卸料，推土机向前推赶推平；当地基较软不能承受机械碾压时，可用轻型传送带由外向内铺设。

（2）埋设排水滤管：先清除滤水管埋设影响范围内的石块等有可能扎破密封膜的尖利杂物；滤水管采用塑料管，外包尼龙纱或土工织物等滤水材料，滤水管与三通管接头部位绑牢；排水滤管埋设应形成回路，主管通过出膜管道与外部真空泵连接。

（3）挖封闭沟：密封膜周边的密封可采用挖沟埋膜，以保证周边密封膜上有足够的覆土厚度和压力。

（4）铺设密封膜：密封膜的热合和黏接采用双热合缝的平搭接；密封膜检查合格后，按先后顺序同时铺设，每铺完一层都要进行细致地检查补漏，保证密封膜的密封性能；密封膜铺设完成后，回填黏土。

（5）施工监测：在预压过程中，应对加固区范围内的地基稳定安全、固结度、垂直变形、侧向变形和加固效果进行实时监测和控制，包括被加固体内不同部位的负压实时状况；监测项目包括孔隙水压力、膜内真空度、排水板内真空度、土体真空度、地面沉降量、深层沉降量和土体水平位移；安置感应环于预定深度并用特定装置保持与土的变形响应性。

（6）关闭真空泵，关闭阀门。

（7）继续进行施工监测。

（8）结束：卸掉膜上覆土，拆掉真空系统及出膜口；去除密封膜及真空分布管。

（9）检验：进行现场钻探、试验等效果试验。

（10）注意事项：

① 施工前应按要求设置观测点和观测断面，每一断面上的观测点布置数量、观测频率和观测精度应符合规范要求，观测基点必须置于不受施工影响的稳定地基内，并定期进行复核校正。

② 在排水垫层的施工中，无论采用何种施工方法，都应避免对软土表层造成扰动和隆起，以免造成砂垫层与软土混合，影响垫层的排水效果。

③ 挖封闭沟时，如果表层存在良好的透气层或在处理范围内有充足水源补给的透水层时，应采取有效措施隔断透气层或透水层。

④ 铺设密封膜时，要注意膜与软土接触要有足够的长度，保证有足够长的渗径；膜周边密封处应有一定的压力，保证膜与软土紧密接触，使膜周边有良好的气密性。

⑤ 地基在加固过程中，加固区外的土层向着加固区移动，使地表产生裂缝，裂缝不断扩大并向下延伸，也逐渐由加固区边缘向外发展。将拌制一定稠度的黏土浆倒灌到裂缝

中,泥浆会在重力和真空吸力的作用下向裂缝深处钻进,泥浆会慢慢充填于裂缝中,堵住裂缝达到密封的效果。

2.3.3　加固效果

真空预压法特别适用于深厚软弱土层中的地基处理与加固,它采用真空压力作为荷载,其最大荷载可达 80 kPa,一般情况下不需要大量的堆载材料,施加和卸除荷载方便迅速,不存在分级推载的问题。另外真空预压对土体产生向内收缩的球向应力,因此不会引起地基失稳现象,它具有土体固结速度快、施工期较短、平均沉降量大、地基抗剪强度增长率大等优点。

同时,真空压力沿深度衰减较慢,使加固期固结度较小的下卧层的加固应力远大于堆载预压情况。真空预压加大了施工期内整个地基的次固结压缩量和下卧层的主固结压缩量,从而减小了地基的沉降,处理后地基土性质较为均匀,故也减少了建筑物使用期间的不均匀沉降。

2.4　强夯法

强夯法在国际上称动力压实法(Dynamic Compaction Method)或称动力固结法(Dynamic Consolidation Method),这种方法是反复将夯锤提到高处使其自由落下,给地基以冲击和振动能量,将地基土夯实,从而提高地基的承载力,降低其压缩性,改善其物理力学性能。

强夯法适用于处理碎石土、砂土、低饱和度的粉土与黏性土、湿陷性黄土、素填土和杂填土等地基。经过处理后的地基既提高了地基土的强度、又降低其压缩性,同时还能改善其抗振动液化的能力,所以这种处理方法还常用于处理液化砂土地基等。

2.4.1　加固机理

加固类别主要属于振密、挤密,强夯法处理地基是利用夯锤自由落下产生的冲击波使地基密实。这种由冲击引起的振动在土中是以波的形式向地下传播。这种振动波可分为体波和面波两大类。体波包括压缩波和剪切波,面波有瑞利波、乐夫波等。

如果将地基视为弹性半空间体,则夯锤自由下落过程,也就是势能转换为动能的过程,即随着夯锤下落,势能越来越小,动能越来越大。在落到地面的瞬间,势能的极大部分都转换成动能。夯锤夯击地面时,这部分动能除一部分以声波形式向四周传播,一部分由于夯锤和土体摩擦而变成热能外,其余的大部分冲击动能则使土体产生自由振动,并以压缩波(亦称纵波、P 波)、剪切波(横波、S 波)和瑞利波(表面波、R 波)的波体系联合在地基内传播,在地基中产生一个波场。离开振源(夯锤)一定距离处的波场如图2-3所

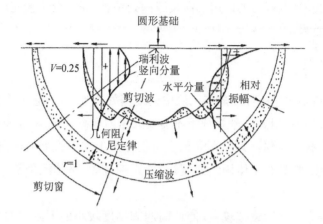

图 2-3　重锤夯击在弹性半空间地基中产生的波场

示。根据 Miller 等的研究，以上三种波占总输入能量的比例为：R 波67.3%，S 波25.8%，P 波 6.9%。[①]

关于土中弹性波的研究，国内外不少学者作了较为系统的论述，这些研究均认为 P 波和 S 波在强夯过程中起夯实加固作用，且认为 P 波的作用更重要[②]。

1. 强夯法加固非饱和土的原理

强夯法加固非饱和土的原理是动力压密，即用冲击型动力荷载，使土体中的孔隙体积减小，土体变得更为密实，从而强度得以提高。非饱和土的固相是由大小不等的颗粒组成，按其粒径大小可分为砂粒、粉粒和黏粒。砂粒（粒径为 0.074~2 mm）的形状可能是圆的（河砂），也可能是棱角的（山砂）；粉粒（粒径为 0.005~0.074 mm）则大部分是由石英和结晶硅酸盐细屑组成，它们的形状接近球形；非饱和土类中的黏粒（粒径小于 0.005 mm）含量不大于 20%。在土体形成的漫长历史年代中，由于各种非常复杂的风化过程，各种土颗粒的表面通常包裹着一层矿物和有机物的多种新化合物或胶体物质的凝胶，使土颗粒形成一定大小的团粒，这种团粒具有相对的水稳定性和一定的强度。而土颗粒周围的孔隙被空气和液体（例如水）所充满，即土体是由固相、液相和气相三部分组成。在压缩波能量的作用下，土颗粒互相靠拢，因为气相的压缩性比固相和液相的压缩性大得多，所以气体首先被排出，颗粒进行重新排列，由天然的紊乱状态进入稳定状态，孔隙大为减小。就是这种体积变化和塑性变化使土体在外荷作用下达到新的稳定状态。当然，在波动能量作用下，土颗粒和其间的液体也受力而可能变形，但这些变形相对颗粒间的移动、孔隙减少来说是较小的，这样我们可以认为对非饱和土的夯实变形主要是由

① Miller, G. F. and Pursey, H. (1955), On the Partition of Energy Between Elastic Waves in a Semiinfinite Solid, Proc. Royal. Society, London. A Vol, 223, 1955.

② 龚晓南. 地基处理手册[M]. 北京：中国建筑工业出版社，2008.

于颗粒的相对位移而引起。因此亦可以说,非饱和土的夯实过程,就是土中的气相被挤出的过程。

从黄土强夯前后的微观分析,见表 2-1,亦说明了强夯产生的冲击波作用破坏了土体的原有结构,改变了土体中各类孔隙的分布状态,以及它们之间的相对含量。特别是上层新近堆积黄土,夯后特大孔隙及大孔隙完全消除,微孔隙显著增加,土体由松散变成密实。

当土体达到最密实时,据测定,孔隙体积可减小 60% 左右,土体接近二相状态,即饱和状态。而这些变化又直接和强夯参数,如单击夯击能、夯击次数、夯点间距等密切相关。

表 2-1   潞城黄土强夯前后各类孔隙的相对数量

孔隙种类			特大孔隙 >500 μm		大孔隙 50~500 μm		小孔隙 5~50 μm		微孔隙 <5 μm	
地层	深度	时间	水平	垂直	水平	垂直	水平	垂直	水平	垂直
Q_4^2	2~3 m	夯前	3	6	80	90	625	800	1 300	3 300
	2~3 m	夯后	0	0	0	0	100	50	11 000	1 000
Q_4^1	5~6 m	夯前	2	1	40	30	450	400	7 000	5 000
	5~6 m	夯后	0	0	10	10	300	200	8 000	9 000

2. 强夯法加固饱和土的原理

传统的固结理论认为,饱和软土在快速加荷条件下,由于孔隙水无法瞬时排出,所以是不可压缩的,因此用一个充满不可压缩液体的圆筒,一个用弹簧支承着活塞和供排出孔隙水的小孔所组成的模型来表示。梅那则根据饱和土在强夯后瞬时能产生数十厘米的压缩这一事实,提出了新的模型。这两种模型的不同点如图 2-4 所示。

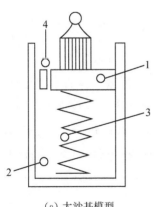
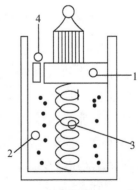

（a）太沙基模型 　　　　　　　（b）梅那模型

1—无摩擦的活塞；2—不可压缩的液体；3—均质弹簧；
4—固定直径的孔眼,受压液体排出通路。

1—有摩擦的活塞；2—有气泡的可压缩液体；
3—非均质弹簧；4—可变直径的孔眼,受压液体排出通路。

图 2-4   太沙基模型与梅那模型对比

根据梅那提出的模型,饱和土强夯加固的机理可概述为:

(1) 渗透系数随时间变化

在强夯过程中,土体有效应力的变化十分显著,且主要为竖向应力的变化。由于竖向总应力保持不变,超孔隙水压力逐渐增长且不能迅速消散,则有效应力减小,因此在强夯饱和土地基中产生很大的拉应力。水平拉应力使土体产生一系列的竖向裂缝,使孔隙水从裂缝中排出,土体的渗透系数增大,加速饱和土体的固结。当土中的超孔隙水压力很快消散,水平拉应力小于周围压力时,这些裂缝又复闭合,土体的渗透性减小。

此外,由于饱和土中仍含有1%~4%的封闭气体和溶解在液相中的气体,当落锤反复夯击土层表面时,在地基中产生极大冲击能,形成很大的动应力。同时在夯锤下落过程中会和夯坑土壁发生摩擦,土颗粒在移动过程中也会摩擦生热,即部分冲击能转化成热能。这些热量传入饱和土中后,就会使封闭气泡移动,而且加速可溶性气体从土中释放出来。由于饱和土体中的气相体积增加,并吸收夯击动能后具有较大的活性,这些气体就能从土面逸出,使土体积进一步减少,并且又可减少孔隙水移动时的阻力,增大了土体的渗透性能,加速土体固结。

(2) 饱和土的可压缩性

对于理论上的二相饱和土,由于水的压缩系数 $\beta=5\times10^{-4}$ MPa^{-1},土颗粒本身的压缩性更小,约为 6×10^{-5} MPa^{-1}。因此当土中水未排出时,可以认为饱和土是不可压缩的。但对于含有微量气体的水则不然,如无气水的压缩系数为 β_0,水在压力 p 时的含气量为 x,此时的压缩系数为 β,则二者之间的关系为:

$$x = \frac{\beta - \beta_0}{\frac{1}{p} - \beta_0} \tag{2-1}$$

假定 $p=1$ 以及 $x=1\%$(即含气量为1%),则此含气水的压缩系数 $\beta = \left(\frac{1}{p} - \beta_0\right)x + \beta_0 = 0.100495$ MPa^{-1}。也就是说含气量为1%的水的压缩系数比无气水的压缩系数要增大200倍左右,即水的压缩性要增大200倍。因此含有少量气体的饱和土具有一定的可压缩性。在强夯能量的作用下,气体体积先压缩,部分封闭气泡被排出,孔隙水压力增大,随后气体有所膨胀,孔隙水排出,超孔隙水压力减少。在此过程中,土中的固相体积是不变的,这样每夯一遍液相体积就减小,气相体积也减少,也就是说在重锤的夯击作用下会瞬时发生有效的压缩变形。

(3) 饱和土的局部液化

在夯锤的反复作用下,饱和土中将引起很大的超孔隙水压力致使土中有效应力减小,当土中某点的超孔隙水压力等于上覆的土压力(对于饱和粉细砂)或等于上覆土压力加上土的黏聚力(对于粉土、粉质黏土)时,土中的有效应力完全消失,土的抗剪强度降为零,土颗粒将处于悬浮状态——达到局部液化。当液化度达到100%,土体的结构破坏,渗透系数大大增加,处于很大水力梯度作用下的孔隙水迅速排出,加速了饱和土体的固结。

土中渗透系数随孔隙水压力 Δu 与总应力 σ 之比(液化度)而变化的情况如图 2-5 所示。

(4)饱和土的触变恢复

饱和土在强夯冲击波的作用下,土中原来相对平衡状态的颗粒、阳离子、定向水分子受到破坏,水分子定向排列被打乱,颗粒结构从原先

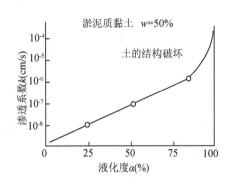

图 2-5　土的渗透系数与液化度关系曲线

的絮凝结构变成一定程度的分散结构,粒间联系削弱,强度降低。经过强夯后一段时间的休置期后,土骨架中细小颗粒——胶体颗粒的水分子膜重新逐渐联结,恢复其原有的稠度和结构,与自由水又粘结在一起,形成一种新的空间结构,于是土体又恢复并达到新的更高强度,这一过程即为饱和软土的触变特性。

据实测饱和细粒土夯后 6 个月的平均抗剪强度能增加 20%～30%,变形模量可提高 30%～60%,需要说明的是触变恢复期饱和细粒土对振动极为敏感,因此其后续施工工艺和检测评价方法均应避免振动。

2.4.2　施工工艺

1. 试夯或试验性施工

强夯法或强夯置换法施工前,应根据初步确定的强夯参数,在施工现场有代表性的场地上选取一个或几个试验区进行试夯或试验性施工。通过测试,检验强夯或强夯置换效果,以便最后确定工程采用的各项参数。

2. 平整场地

预先估计强夯或强夯置换后可能产生的平均地面变形,并以此确定夯前地面高程,然后用推土机平整。同时,应认真查明场地范围内的地下构筑物和各种地下管线的位置及标高等,尽量避开在其上进行强夯施工,否则应根据强夯或强夯置换的影响深度,估计可能产生的危害,必要时应采取措施,以免强夯或强夯置换施工而造成损坏。

3. 降低地下水位或铺垫层

在场地地表土软弱或地下水位较高的情况下,宜降低地下水位,或在表层铺填一定厚度的松散性材料。其目的是在地表形成硬壳层,可以用以支承起重设备,确保机械设备通行和施工,又可加大地下水和地表面的距离,防止夯击时夯坑内积水。

4. 当强夯法或强夯置换法施工所产生的振动对邻近建筑物或设备产生有害的影响时,应设置监测点,并采取挖隔振沟等隔振或防振措施。

5. 强夯法施工步骤：

（1）清理并平整施工场地；

（2）标出第一遍夯点位置，并测量场地高程；

（3）起重机就位，夯锤置于夯点位置；

（4）测量夯前锤顶高程；

（5）将夯锤起吊到预定高度，开启脱钩装置，待夯锤自由下落后，放下吊钩，测量锤顶高程，若发现因坑底倾斜而造成夯锤歪斜时，应及时将坑底整平；

（6）重复步骤（5），按设计规定的夯击次数及控制标准，完成一个夯点的夯击；

（7）换夯点，重复步骤（3）至（6），完成第一遍全部夯点的夯击；

（8）用推土机将夯坑填平，并测量场地高程；

（9）在规定的间隔时间后，按上述步骤逐次完成全部夯击遍数，最后用低能量满夯，将场地表层松土夯实，并测量夯后场地高程。

6. 施工监测

施工监测对于强夯法和强夯置换法施工来说非常重要，因为施工中所采用的各项参数和施工步骤是否符合设计要求，在施工结束后往往很难进行检查，所以施工过程中应有专人负责监测工作：

（1）开夯前应检查夯锤质量和落距，以确保单次夯击能量符合设计要求。因为若夯锤使用过久，往往因底面磨损而使质量减少；落距未达设计要求的情况，在施工中也常发生，这些都将减少单次夯击能。

（2）在每一遍夯击前，应对夯点放线进行复核，夯完后检查夯坑位置，发现偏差或漏夯应及时纠正。

（3）施工过程中应按设计要求检查每个夯点的夯击次数和每击的夯沉量。对强夯置换还应检查置换深度。

（4）施工过程中应对各项参数和施工情况进行详细记录。

2.4.3　加固效果

以国家重点工程北京乙烯工程为例，乙烯装置区、循环水场区、罐区、EO/ED 区等约 23 万 m² 强夯地基加固效果显著，经济和社会效益十分突出。

（1）强夯地基承载力特征值 f_{ak}，一般可达 220 kPa，基本消除了砂土液化，加固深度为 9～10 m。

（2）强夯法具有设备简单、施工便捷、适用范围广、节省材料、工期短等优点。该项工程实例证明，强夯法用于加固粉土和砂土地基可以取得很好的处理效果。该工程 23 万 m² 地基采用强夯处理，单价仅为 24 元/m²，而其他方法处理最少也需 200～300 元/ m²，仅此项即可为国家节省投资逾 3 000 万元，经济效益十分显著，并且可缩短施工周期。

（3）由于地层条件复杂，施工操作水平不一，造成个别处地基及个别地层局部轻微液化，但对整个场地影响不大。建议对这些个别处地基上的建筑物进行类别分析，基础及上部结构予以调整。个别处强夯地基承载力对应1％压板直径(边长)沉降量(约7 mm)，不足220 kPa时，建议进行综合分析和调整，必要时也可取对应1.5％压板直径(边长)沉降量(约11 mm)的承载力作为地基承载力标准值[①]。

2.5 振冲碎石桩法

在软弱黏性土地基中利用振冲器边振边冲成孔，再在孔内分批填入碎石等坚硬材料制成一根根桩体，桩体和原来的黏性土构成复合地基。比起原地基来，复合地基的承载力高、压缩性小。这种加固技术叫做振冲置换法或碎石桩法。

振冲置换法主要适用于黏性土、粉土、饱和黄土、人工填土等地基的处理，有时还可用来处理粉煤灰。当然，在砂土中也能制造碎石桩，但此时挤密作用的重要性远大于置换作用。碎石桩复合地基的主要用途是提高地基的承载力，减少地基的沉降量和差异沉降量。碎石桩还可用来提高土坡的抗滑稳定性，以及提高土体的抗剪强度。

2.5.1 加固机理

在制桩过程中，填料在振冲器的水平向振动力作用下挤向孔壁的软土中，从而桩体直径扩大。当这一挤入力与土的约束力平衡时，桩径不再扩大。显然，原土强度越低，也就是抵抗填料挤入的约束力越小，制成的桩体就越粗。如果原土的强度过低(例如刚吹填的软土)，以致土的约束力始终不能平衡使填料挤入孔壁的力，那就始终不能形成桩体，这样本法不再适用。

按照一定间距和分布打设了许多桩体的土层叫做"复合土层"，由复合土层组成的地基叫做"复合地基"。如果软弱层不太厚，桩体可以贯穿整个软弱土层，直达持力层。如果软弱土层比较厚，桩体也可以不贯穿整个软弱土层，这样，软弱土层只有部分厚度转变为复合土层，其余部分仍处于天然状态。对桩体打到持力层，亦即复合土层与持力层接触的情况，复合土层中的桩体在荷载作用下主要起应力集中的作用。由于桩体的压缩模量远比软弱土大，故而通过基础传给复合地基的外加压力随着桩、土的等量变形会逐渐集中到桩上去，从而使软土负担的压力相应减少。与原地基相比，复合地基的承载力有所增高，压缩性也有所减少，这就是应力集中作用。就这点来说，复合地基有如钢筋混凝土，地基中的桩体有如混凝土中的钢筋。对桩体不打到持力层，亦即复合土层与持力层不接触的情况，复合土层主要起垫层的作用。垫层能将荷载引起的应力向周围横向扩

---

① 王铁宏.新编全国重大工程项目地基处理工程实录[M].北京:中国建筑工业出版社,2005.

散,使应力分布趋于均匀,从而可提高地基整体的承载力,减少沉降量。这就是垫层的应力扩散和均布的作用。

在制桩过程中由于振动、挤压、扰动等原因,地基土中会出现较大的附加孔隙水压力,从而使原土的强度降低。但在复合地基完成之后,一方面随时间的推移原地基土的结构强度有一定程度的恢复,另一方面孔隙水压力向桩体转移消散,有效应力增大,强度提高。段光贤和甘德福[①]曾对黏土、粉质黏土和黏质粉土的结构在振冲制桩前后的变化进行了电镜摄片观察。他们发现振冲前这些土的集粒或颗粒连接以(点-点)接触为主;振冲后不稳定的(点-点)接触遭到破坏,形成比较稳定的(点-面)和(面-面)接触,孔隙减少,孔洞明显变小或消失,颗粒变细,级配变佳,并且新形成的孔隙有明显的规律性和方向性。由于这些原因,土的结构趋于致密,稳定性增大。这里从微观角度证实了黏性土的强度在制桩后是会恢复并且增大的。

除此之外,桩体在一定程度上也有像砂井那样的排水作用。总之,复合地基中的桩体有应力集中和砂井排水两重作用,复合土层还起垫层的作用。

振冲置换桩有时也用来提高土坡的抗滑能力。这时桩体的作用像一般阻滑桩那样是提高土体的抗剪强度,迫使滑动面向远离坡面、向深处转移。

2.5.2 施工工艺

(一) 施工机具

1. 机具

主要机具包括振冲器、吊机或施工专用平车和水泵等。对于软土地基,振冲碎石桩施工一般使用低功率振冲器,即 30 kW 或 55 kW 振冲器。水泵的规格是出口水压 400～600 kPa, 流量 20～30 m³/h。每台振冲器配一台水泵,如果工地有数台振冲器同时施工,也可用集中供水的办法。

其他设备有运料工具(手推车、装载机或皮带运输机)、泥浆泵、配电板等。

2. 机具数量

施工所需的专用平车台数随桩数、工期而定,有时还受到场地大小、交叉施工、电水供应、泥水处理等条件的限制,一般可按下式估算

$$Y = \frac{\alpha N t_P}{T_c T_w} \qquad (2-2)$$

式中:Y——施工车台数;

N——桩数;

t_P——制一根桩所需的平均时间,对黏土地基、10 m 桩长,$t_P = 1 \sim 1.8$ h;

① 段光贤,甘德福.振冲法加固软土地基对土的微观结构的影响[J].上海地质,1982.

T_c——工期；

T_w——每台施工车每天的工作时间；

α——考虑移位、施工故障、检修等因素的系数，可取 $\alpha=1.1$。

施工车台数确定后，还需核算施工用电量和用水量是否超过最大供应量。如果超过，若不能增加供应量，只得减少施工车台数，延长工作时间或者放宽工期。

（二）填料

制作桩体的填料宜就地取材，碎石、卵石、砂砾、矿渣等都可使用，但风化石块不宜采用。各类填料的含泥量均不得大于10％。填料应有适当的颗粒级配，填料的最大粒径依所用振冲器功率而定，振冲器功率较大时可用大粒径填料。对于 30 kW 振冲器，填料粒径一般不大于 8 cm。粒径太大不仅容易卡孔，而且会使振冲器外壳强烈磨损。但在很软的土层中制作大粒径碎石桩时可根据需要选取填料粒径。

整个工程需要的总填料量为

$$V = \mu N V_P L \qquad (2-3)$$

式中：L——桩长；

V_P——每米桩体所需的填料量（V_P 与地基土的抗剪强度和振冲器的振力大小有关，对软黏土地基，采用 30 kW 振冲器制桩，$V_P=0.6\sim0.8\ \mathrm{m}^3$，这里指的是虚方）；

μ——富余系数，一般 $\mu=1.1\sim1.2$。

（三）桩的定位

平整场地后，测量地面高程。加固区的高程宜为设计桩顶高程以上 1 m。如果这一高程低于地下水位，需配备降水设施或者适当提高地面高程。最后按桩位设计图在现场用小木桩标出桩位，桩位偏差不得超过 3 cm。

（四）振冲置换桩的制作

1. 填料方式

在地基内成孔后，接着要往孔内加填料，通常有三种加料方式。第一种是把振冲器提出孔口，往孔内倒入约 1 m 堆高的填料，然后下降振冲器使填料振实，每次加料都按同样方法操作。第二种是振冲器不提出孔口，只是向上提升约 1 m 左右，然后向孔口倒料，再下降振冲器使填料振实。第三种是边把振冲器缓慢向上提升，边在孔口连续加料。就黏性土地基来说，多数采用第一种加料方式，因为后两种方式，桩体质量不易保证。

对较软的土层，宜采用"先护壁，后制桩"的施工方法[①]。即成孔时，不要一次性达到设计深度，而是先达到软土层上部一至两米范围内，将振冲器提出孔口加一批填料，下降

---

① 郑培成. 振动水冲法施工技术. 南京水利科学研究院报告，1983.

振冲器使这批填料挤入孔壁，把这段孔壁加强以防塌孔。然后使振冲器下降至下一段软土中，用同样方法加料护壁。如此重复进行，直达设计深度。孔壁护好后，就可按常规步骤制桩了。

2. 桩的施工顺序

桩的施工顺序一般采用"由里向外"（图2-6(a)）或"一边推向另一边"（图2-6(b)）的方式，因为这种方式有利于挤走部分软土。如果"由外向里"制桩，中心区的桩很难做好。对抗剪强度很低的软黏土地基，为减少制桩时对原土的扰动，宜采用间隔跳打的方式施工（图2-6(c)）。当加固区毗邻其他建筑物时，为减少对建筑物的振动影响，宜按图2-6(d)所示的顺序进行施工。必要时可用振力较小的振冲器（如13kW）制A排桩。

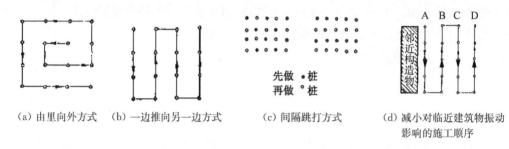

(a) 由里向外方式　　(b) 一边推向另一边方式　　(c) 间隔跳打方式　　(d) 减小对临近建筑物振动影响的施工顺序

图 2-6　桩的施工顺序

3. 制桩操作步骤

(1) 将振冲器对准桩位，开水开电。检查水压、电压和振冲器的空载电流值是否正常。

(2) 启动施工车或吊机的卷扬机，使振冲器以 1～2 m/min 的速度在土层中徐徐下沉（图 2-7(a)）。注意振冲器在下沉过程中的电流值不得超过电机的额定值。万一超过，必须减速下沉，或者暂停下沉，抑或向上提升一段距离，借助高压水冲松土层后再继续下沉。在开孔过程中，要记录振冲器经过土体各深度的电流值和时间。电流值的变化定性地反映出土的强度变化。

(3) 当振冲器达到设计加固深度以上 30～50 cm 时，将其往上提至孔口，提升速率可增至 5～6 m/min。

(4) 重复步骤(2)、(3)一至二次。如果孔口有泥块堵住，应将其挖除。最后，将振冲器停留在设计加固深度以上 30～50 cm 处，借循环水使孔内泥浆变稀，这一步骤叫清孔（图2-7(b)）。清孔时间 1～2 min，然后将振冲器提出孔口，准备加填料。

(5) 往孔内倒 0.15～0.5 m³填料（图 2-7(c)）。将振冲器下沉至填料中进行振实（图2-7(d)）。这时，振冲器不仅使填料振密，而且使填料挤入孔壁中，从而使桩径扩大。由于填料的不断挤入，孔壁土的约束力逐渐增大，一旦约束力与振冲器产生的振力相等，桩径将不再扩大，这时振冲器电机的电流值迅速增大。当电流达到规定值时，认为该深度的桩体已经振密。如果电流达不到规定值，则需提起振冲器继续往孔内倒一批填料，然后再下降振冲器继续进行振密。如此重复操作,直至该深度的电流达到规定值为止。每倒一批填料进行振密,都必须记录深度、填料量、振密时间和电流量。电流的规定值称为密实电流。密实电流由现场制桩试验确定或根据经验选定。将振冲器提出孔口,准备做上一深度的桩体。

(6) 重复上一步骤,自下而上地制作桩体,直至孔口。这样一根桩就做成了(图2-7(e))。

(7) 关振冲器,关水,移位。

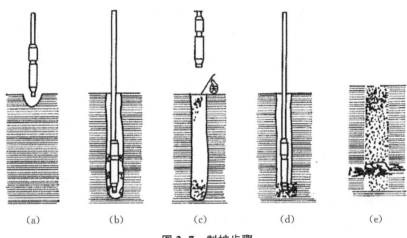

| (a) | (b) | (c) | (d) | (e) |

图 2-7 制桩步骤

4. 记录

进行振冲置换桩的施工记录。每天施工完毕要及时填写"制桩统计图"。填写内容有:桩号、制桩深度、填料量、时间和完成日期等。

5. 表层处理

桩顶部约 1 m 范围内,由于该处地基土的上覆压力小,施工时桩体的密实程度很难达到要求,为此必须另行处理。处理的办法或者将该段桩体挖去,或者用振动碾使之压实。如果采用挖除的办法,施工前的地面高程和桩顶高程要事先计划好。

一般,经过表层处理后的复合地基上面要铺一层厚 30~50 cm 的碎石垫层。垫层本身也要压实。垫层上面再做基础。

(五)施工质量控制

振冲置换桩的施工质量控制实质上就是对施工中所用的水、电、料三者的控制。其控制标准与工程的地基土质的具体条件、建筑物的具体设计要求有关,具体应用时,还得靠实践经验。因此,对大型重要工程,现场制桩试验几乎是必不可少的。一些重要的设计参数的确定,一些施工控制标准的制定都得靠现场试验。以下介绍主要控制原则。

振冲施工中水是很重要的。关于水,要控制的一个是水量,另一个是水压。水量要充足,使孔内充满水,这样可防止塌孔,使制桩工作得以顺利进行。当然,水量亦不宜过多,过多时易把填料溢出流走。关于水压,视土质及其强度而定。一般来说,对强度较低的软土,水压要小些;对强度较高的土,水压宜大。成孔过程中,水压和水量要尽可能大;当接近设计加固深度时,要降低水压,以免破坏桩底以下的土。加料振密过程中,水压和水量均宜小。

关于电,主要控制加料振密过程中的密实电流。密实电流规定值根据现场制桩试验定出,一般为振冲器潜水电动机的空载电流加上 10~15 A。在制桩时,值得注意的是不能把振冲器刚接触填料的一瞬间的电流值作为密实电流。瞬时电流值有时可高达 100~120 A,但只要把振冲器停住不下降,电流值立即变小。可见瞬时电流并不真正反映填料的密实程度。只有振冲器在固定深度上振动一定时间(称为留振时间)而电流稳定在某一数值,这一稳定电流才能代表填料的密实程度。要求稳定电流值超过规定的密实电流值,该段桩体才算制作完毕。对黏性土地基,留振时间一般为 10~20 s。

关于料,要注意加填料不宜过猛,原则上要"少吃多餐",即要勤加料,但每批不宜加得太多。值得注意的是在制作最深处桩体时,为达到规定密实电流所需的填料远比制作其他部分桩体多。有时这段桩体的填料量可占整根桩总填料量的四分之一到二分之一。这是因为开始阶段加的料有相当一部分从孔口向孔底下落过程中被粘留在各深度的孔壁上,只有少量能落到孔底。另一个原因是如果控制不当,压力水有可能造成超深,从而使孔底填料量剧增。第三个原因是孔底附近遇到了事先不知的局部软弱土层,这也会使填料量超过正常用量。

归纳起来说,所谓施工质量控制就是要谨慎地掌握好填料量、密实电流和留振时间这三个施工质量要素,要使每段桩体在这三方面都达到规定值。如果某些工程的加固效果不能令人满意,主要原因在于没有全面贯彻质量三要素的各项要求。一般说来,在粉性较重的地基中制桩,密实电流容易达到规定值,这时要注意把好留振时间和填料量两道关。反之,在软黏土地基中制桩,填料量和留振时间容易达到规定值,这时还要注意把好密实电流这道关。由此可见,施工质量三要素虽然需要同时满足要求,但联系到具体情况,一定要根据地基土质条件,抓住主导的要素,只有这样才能造出高质量的桩体来。

2.5.3 加固效果

我国应用振冲置换法始于 1977 年。首次应用的工程是南京船舶修造厂船体车间软土地基加固[①]。南京船舶修造厂位于南京市北部长江南岸,由于地基土质为淤泥质粉质黏土,天然强度低,压缩性高,不满足厂房对承载力和沉降的要求,故采用振冲置换法加固,其单桩和群桩载荷试验结果大大超过设计要求的承载力,至今实测沉降很小。

江苏省南通市天生港电厂位于长江北岸冲积层上,地基土质松软,承载力不满足设

---

① 盛崇文. 振动水冲法在软基中的应用. 南京水利科学研究院报告,1977.

计要求的 250 kPa，压缩性亦较高。经过论证，用振冲置换法加固地基比用钢筋混凝土预制打入桩不仅投资省，而且工期短。通过试验证实，用碎石桩加固能使地基承载力提高到 250 kPa 以上，具有砂性的地基用碎石桩加固后，桩间土的强度也有显著提高，并且强度还变得更均匀些。在各建筑物和发电设备基础完成后，立即进行沉降观测，其最大差异沉降为 14.9 mm，对应的相对倾斜只有 1.1‰[①]。

福州市马尾交通路工业区厂房建筑群地基处理工程采用振冲置换法加固，该工程位于马尾地区近代冲积的砂和淤泥的交互层上，属 7 度烈度地震区，其间砂层有液化问题，而淤泥层强度低、压缩性高。为检验振冲置换加固效果，在砂土层中进行了标准贯入试验和静力触探试验，在淤泥层中进行了十字板剪切试验。比较加固前后的试验数据表明，砂土层中的标贯击数提高 1.33～1.92 倍，比贯入阻力提高 1.45～1.88 倍，满足了抗液化的要求；淤泥层中的十字板剪切强度从原先的平均值 24.7 kPa 提高到 45.3 kPa（制桩后一个月测定结果），增加了 83%。复合地基载荷试验结果满足对地基承载力的设计要求，沉降试验结果表明总沉降量满足设计要求。

2.6 预应力管桩法

预应力管桩是一种采用离心和预应力工艺成型的具有圆环形截面的新型基桩。对混凝土桩施加预应力一般分为先张法和后张法，故预应力管桩可分为先张法预应力管桩和后张法预应力管桩。预应力混凝土管桩以其桩身质量可靠、适应性强、造价经济等优点，在高层建筑、大跨度桥梁、港口、码头等工程中已广泛使用。

2.6.1 加固机理

初始受荷时，桩身上部产生垂直应力和弹性变形并向桩身下部传递，自上而下逐步建立侧摩阻力，桩身处于弹性压缩阶段。随着荷载增加，当桩身垂直应力传递到桩端时，桩端土逐步压缩，桩土相对变形加大，桩侧摩阻力进一步发挥。在加荷最后阶段，随着桩端阻力的不断增加，桩顶部位侧摩阻力首先达到极限（侧摩阻力趋于定值）并向下逐步扩大极限阻力的分布范围，在此过程中对应于荷载增量，作为抗力的侧摩阻力所占比例越来越小，而桩端阻力增量所占比例则越来越大，最终导致桩端土出现塑性区并迅速扩展，桩因急剧下沉而失效，桩向土的刺入破坏先于桩身强度破坏为其主要破坏特征。[②]

由于软土地基上部存在一定厚度的淤泥层，而淤泥对管桩的阻力影响较小，锤击冲击力直接作用在桩端土体，不产生无效功。其锤击能量向下面土层传递动应力、压缩波

① 盛崇文. 振动水冲加固技术综论与展望. 南京水利科学研究院报告，1983.
② 高华. 预应力管桩的作用机理及其在软土地基中的应用[J]. 江苏交通科技，2004(2)：3.

和剪切波,层层向下挤压,使桩端土的反力和锤击冲击作用形成一对作用力和反作用力的恒等关系。

管桩与周围土形成复合地基,其不仅提高地基的承载力,增加地基的稳定性,同时对地基也具有一定的挤密作用。预应力管桩作为一种刚性桩,为充分发挥其高承载力的优势,要求设置桩帽,且桩帽尺寸在排列允许的条件下尽可能大。同时,为改善复合地基的整体工作性,需在桩帽上设置垫层,以便路基荷载应力扩散。

刚性桩只有采用疏散布置才能更为充分地发挥其桩体高强度特点,疏桩复合地基要求单桩具有高强度、高刚度的材料特性,从而能将上部载荷传递到地基深层。另外,桩体布设稀疏,有利于充分发挥桩间土的承载能力,特别是在表层地基存在硬壳层和桩体施工后桩间土得到挤密加固的情况下。总之,沉降控制疏桩能够最大限度地发挥"桩"和"土"的作用,提高地基处理效果。

2.6.2 施工工艺

预应力管桩沉桩的施工方法有锤击法和静力压桩法(顶压法和抱压法)。

（一）锤击沉桩施工

1. 打桩工序

打桩工序为:测量、放样桩→打桩机就位→喂桩→对中、调直→锤击法沉桩→接桩→再锤击→打至持力层(送桩)→收锤。

一般情况下,打桩顺序有:逐排打设、自边沿向中央打设、自中央向边沿打设和分段打设。实际施工中应根据场地质条件、环境空间、桩位布置、施工进度等情况具体确定合理的打桩顺序,但必须按如下总体原则进行:

（1）对于密集桩群,自中间向两个方向或四周对称施打。

（2）当一侧毗邻建筑物时,由毗邻建筑物处向另一方向施打。

（3）根据基础的设计标高,宜先深后浅。

（4）根据桩的规格,宜先大后小,先长后短。

2. 吊桩

桩机就位后,先将桩锤吊起固定在桩架上,以便进行吊桩。吊桩即利用桩架上的卷扬机将桩吊至垂直状态并送入桩干内。桩就位后,在桩顶放上弹性桩垫,放下桩帽套入桩顶,再在桩帽上放好垫木,降下来桩锤压住桩帽。在锤重压力作用下,桩会沉入土中一定深度,待停止下沉后,再检查一次桩的垂直度,确保合格后即可开始打桩。

3. 打桩

开始打桩时,桩锤落距宜低,一般为 $0.5 \sim 0.8$ m,以使桩能正常沉入土中。待桩入土一定深度后,桩尖不易产生偏移时,可适当增加落距,并逐渐增加到规定的数值。一般重锤低打可取得良好的打桩效果。

打桩时应观察桩锤的回弹情况,如回弹较大,则说明桩锤太轻,不能使桩下沉,应予以更换。当贯入度骤减,桩锤有较大回弹时,表明桩尖遇到障碍,此时应将锤击的落距减小,加快锤击。如上述情况仍然存在,应停止锤击,研究遇阻的原因并进行处理。打桩过程中,如突然出现桩锤回弹,贯入度突增,锤击时桩弯曲、倾斜、颠动、桩顶破坏加剧等,则桩身可能已经破坏。

4. 接桩形式

管桩一般采用焊接连接方式,管桩连接前应清理接口焊接处混凝土及泥土杂物。调整上下节桩接口间隙,用铁片填实垫牢,结合面之间的间隙不得大于 2 mm。上下节桩中心线偏差不得大于 5 mm,节点弯曲矢高不得大于 1‰桩长,且不大于 20 mm。

5. 打桩记录

认真做好打桩记录,一般每 1 m 长设一标志,记录下每下沉 1 m 的击数,并作最后 10 击贯入度记录。

6. 停止打桩的标准

当桩端位于一般黏性土或粉质黏土、粉土时,以控制桩端设计标高为主,贯入度可作参考。当桩端位于中等密度以上的砂土层,一般以贯入度控制为主,桩端标高作为参考。对于重要建筑物,需要进行试桩,通过试桩的大应变试验,推算桩的极限承载力,来决定停止打桩的控制贯入度。一般钢筋混凝土预应力管桩的总锤击数不超过 1 500 击,最后 1 m 限制击数 250 击左右。

(二)静压沉桩施工

静压沉桩是利用静压力将预制桩压入土中的一种沉桩方法,主要用于软土层基础的施工。压桩过程中自动记录压桩力,可以保证桩的承载力并避免锤击过度而使桩身断裂。但压桩设备笨重,效率较低,压桩力有限,单桩垂直承载力较低。

1. 压桩与接桩

压桩一般采取分段压入,逐级接长的办法。当下面的一节压到露出地面0.8~1.0 m时,接上一节桩。每节桩之间的连接可采用角钢帮焊、法兰盘连接和硫磺胶泥锚固连接等形式。

2. 送桩与截桩

当桩顶接近地面,而沉桩压力距规定值还略有差距时,可以用另一节桩放在桩顶上向下进行压送,使沉桩压力达到要求的数值。当桩顶高出一定距离,而沉桩压力已达到规定值时,则要截桩,以便压桩机移位和后续施工。

2.6.3 加固效果

以某客货共线铁路工程为例,就预应力管桩在深厚复杂软土地层的加固效果进行分析。该工程铺筑路基为软土地层且地质较复杂、层深较厚,常规地基加固方式难以满足施工要求。预应力管桩通过布置桩网结构进行地基加固,路基加固后 90% 的荷载由预应力管桩桩身承担,加固后的路基稳定性较好,沉降变形较小。对于埋深大于 15 m 的深厚复杂软土地层,采用预应力管桩进行地基加固相比于其他地基加固方法具有明显的经济、技术优势,特别是对于现场施工条件差、工期紧、沉降控制要求高等具有特殊要求的地基加固施工,选用预应力管桩进行地基加固更是优先选择。

2.7　水泥搅拌桩法

由固化剂(水泥)与软土搅拌形成的固结体在我国称为水泥土搅拌桩。水泥土搅拌法是加固饱和软黏土地基的一种成熟方法,它利用水泥、石灰等材料作为固化剂的主剂,通过特制的深层搅拌机械,在地基中就地将软土和固化剂(浆液状或粉体状)强制搅拌,利用固化剂和软土之间所产生的一系列物理化学反应,使软土硬结成具有整体性、水稳定性和一定强度的优质地基。

水泥土搅拌法最适宜于加固各种成因的饱和软黏土。国外使用深层搅拌法加固的土质有新吹填的超软土、沼泽地带的泥炭土、沉积的粉土和淤泥质土等。目前国内常用于加固淤泥、淤泥质土、粉土和含水量较高且地基承载能力标准值不大的黏性土等。随着施工机械的改进,搅拌能力的提高,适用土质范围在扩大。

2.7.1　加固机理

深层搅拌加固的基本原理是基于水泥加固土(以下简称水泥土)的物理化学反应过程。它与混凝土的硬化机理不同,混凝土的硬化主要是水泥在粗填充料(即比表面积不大、活性很弱的介质)中进行水解和水化作用,所以凝结速度较快。而在水泥加固土中,由于水泥的掺量很少(仅占被加固土重的 7%～20%),水泥水解和水化反应完全是在有一定活性的介质——土的围绕下进行。土质条件对于加固土质量的影响主要有两个方面,一是土体的物理力学性质对水泥土搅拌均匀性的影响;二是土体的物理化学性质对水泥土强度增加的影响。水泥土硬化速度缓慢且作用复杂,其强度增长的过程比混凝土缓慢。

(一)水泥的水解和水化反应

普通硅酸盐水泥主要是由氧化钙、二氧化硅、三氧化二铝、三氧化二铁及三氧化硫等组成的,由这些不同的氧化物分别组成了不同的水泥矿物:硅酸三钙、硅酸二钙、铝酸三钙、铁铝酸四钙、硫酸钙等。将水泥拌入软土后,水泥颗粒表面的矿物很快与软土中的水发生水解和水化反应,生成氢氧化钙、水化硅酸钙、水化铝酸钙及水化铁酸钙等化合物。各自的反应过程如下:

(1) 硅酸三钙($3CaO \cdot SiO_2$):在水泥中含量最高(约占全重的 50% 左右),是决定强度的主要因素。

$$2(3CaO \cdot SiO_2)+6H_2O \rightarrow 3CaO \cdot 2SiO_2 \cdot 3H_2O + 3Ca(OH)_2$$

（2）硅酸二钙（$2CaO \cdot SiO_2$）：在水泥中的含量较高（占 25％左右），它主要产生后期强度。

$$2(2CaO \cdot SiO_2)+4H_2O \rightarrow 3CaO \cdot 2SiO_2 \cdot 3H_2O+Ca(OH)_2$$

（3）铝酸三钙（$3CaO \cdot Al_2O_3$）：占水泥重量的 10％，水化速度最快，促进早凝。

$$3CaO \cdot Al_2O_3+6H_2O \rightarrow 3CaO \cdot Al_2O_3 \cdot 6H_2O$$

（4）铁铝酸四钙（$4CaO \cdot Al_2O_3 \cdot Fe_2O_3$）：占水泥重量的 10％左右，能促进早期强度。

$$4CaO \cdot Al_2O_3 \cdot Fe_2O_3+2Ca(OH)_2+10H_2O \rightarrow 3CaO \cdot Al_2O_3 \cdot 6H_2O+3CaO \cdot Fe_2O_3 \cdot 6H_2O$$

在上述一系列的反应过程中所生成的氢氧化钙、水化硅酸钙能速溶于水中，使水泥颗粒表面重新暴露出来，再与水发生反应，这样周围的水溶液就逐渐达到饱和，当溶液达到饱和后，水分子虽然继续深入颗粒内部，但新生成物已不能再溶解，只能以细分散状态的胶体析出，悬浮于溶液中，形成胶体。

（5）硫酸钙（$CaSO_4$）：虽然在水泥中的含量仅占 3％，但它和铝酸三钙一起与水发生反应，生成一种被称为"水泥杆菌"的化合物：

$$3CaSO_4+3CaO \cdot Al_2O_3+32H_2O \rightarrow 3CaO \cdot Al_2O_3 \cdot 3CaSO_4 \cdot 32H_2O$$

根据电子显微镜的观察，水泥杆菌最初以针状结晶的形式在比较短的时间里析出，其生成量随着水泥掺入量的多少和龄期的长短而异。由 X 射线衍射分析可知，这种反应迅速，反应结果把大量的自由水以结晶水的形式固定下来，这对于高含水量的软黏土的强度增长有特殊意义，使土中自由水的减少量约为水泥杆菌生成重量的 46％。当然，硫酸钙的掺量不能过多，否则这种由 32 个水分子固化形成的水泥杆菌针状结晶会使水泥土发生膨胀破坏。所以如果使用得合适，在深层搅拌法这样一种特定的条件下可利用这种膨胀势来增加地基加固效果。

（二）黏土颗粒与水泥水化物的作用

当水泥的各种水化物生成后，有的自身继续硬化，形成水泥石骨架；有的则与其周围具有一定活性的黏土颗粒发生反应。

1. 离子交换和团粒化作用

软土作为一个多相散布系，当它和水结合时就表现出一般的胶体特征，例如土中含量最多的二氧化硅遇水后，形成硅酸胶体微粒，其表面带有 Na^+ 或 K^+，它们能和水泥水化生成的 Ca^{2+} 进行当量吸附交换，使较小的土颗粒形成较大的土团粒，从而使土体强度提高。例如某些膨润土的表面附有钠离子，将它浸泡在氢氧化钙溶液中时，钙离子便置换钠离子。浸泡前后土样的颗粒分析结果如表 2-2 所示,可以看到较大粒组的含量明显增加。

水泥水化生成的凝胶粒子的比表面积比原水泥颗粒大 1 000 倍,因而产生很大的表面能,有强烈的吸附活性,能使较大的土团粒进一步结合起来,形成水泥土的团粒结构,并封闭各土团之间的空隙,形成坚固的联结。从宏观上来看也就是使水泥土的强度大大提高。

表 2-2 膨润土浸泡于氢氧化钙溶液前后颗粒分析结果

土的状态	颗粒组(mm)含量以％计			
	>0.01	0.01~0.005	0.005~0.001	<0.001
天然膨润土样	2.6	11.7	38.1	47.6
浸泡于氢氧化钙溶液后	44.9	7.9	23.4	23.8

2. 凝硬反应

随着水泥水化反应的深入,溶液中析出大量的钙离子,当其数量超过上述离子交换的需要量后,则在碱性的环境中,能使组成黏土矿物的二氧化硅及三氧化二铝的一部分或大部分与钙离子进行化学反应。随着反应的深入,逐渐生成不溶于水的稳定的结晶化合物:

$$SiO_2 + Ca(OH)_2 + nH_2O \rightarrow CaO \cdot SiO_2 \cdot (n+1)H_2O$$
$$(Al_2O_3) \qquad\qquad (CaO \cdot Al_2O_3 \cdot (n+1)H_2O)$$

根据电子显微镜、X 射线衍射和差热分析得知这些结晶物大致是:

(1) 属于铝酸钙水化物的 CAH 系:如 $4CaO \cdot Al_2O_3 \cdot 13H_2O$、$3CaO \cdot Al_2O_3 \cdot 6H_2O$、$CaO \cdot Al_2O_3 \cdot 10H_2O$ 等

(2) 属于硅酸钙水化物的 CSH 系:如 $4CaO \cdot 5SiO_2 \cdot 5H_2O$

(3) 钙铝黄长石水化物:$2CaO \cdot Al_2O_3 \cdot SiO_2 \cdot 6H_2O$

这些新生成的化合物在水中和空气中逐渐硬化,增大了水泥土的强度。而且由于其结构比较致密,水分不易侵入,从而使水泥土具有足够的水稳定性。

从扫描电子显微镜的观察可见,天然软土的各种原生矿物颗粒间无任何有机的联系,且具有很多孔隙。拌入水泥 7 d 后,土颗粒周围充满了水泥凝胶体,并有少量水泥水化物结晶的萌芽。一个月后,水泥土中生成大量纤维状结晶,并不断延伸充填到颗粒间的孔隙中,形成网状构造。到五个月时,纤维状结晶辐射向外伸展,产生分叉,并相互联结形成空间网状结构,充填于土颗粒周围,水泥的形状和土颗粒的形状已不能分辨出来。

通过 X 射线衍射试验,在比较 5 个月龄期的水泥土和天然软黏土的衍射图谱时,发现在 θ 角为 6.75°处出现一个新的波峰(图 2-8),由 d 值可以查出它是:$3CaO \cdot Al_2O_3 \cdot$

$CaCO_3 \cdot 12H_2O$ 的特征峰。这也可定性说明水泥和土发生反应后生成了新的物质,增加了土的强度。

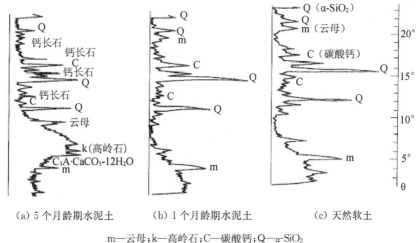

(a) 5 个月龄期水泥土　　(b) 1 个月龄期水泥土　　(c) 天然软土

m—云母;k—高岭石;C—碳酸钙;Q—α-SiO₂

图 2-8　天然软土与水泥土 X 射线衍射试验结果分析

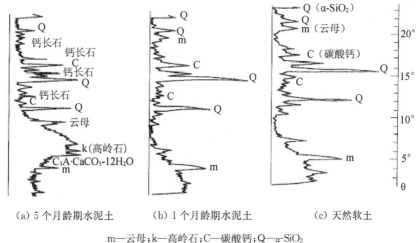

(三)碳酸化作用

水泥水化物中游离的氢氧化钙能吸收水中和空气中的二氧化碳,发生碳酸化反应,生成不溶于水的碳酸钙。

$$Ca(OH)_2 + CO_2 \rightarrow CaCO_3 + H_2O$$

这种反应也能使水泥土增加强度,但增长的速度较慢,幅度也较小。

通过上述分析可见:水泥土硬化反应的模式如图 2-9 所示。水泥与软土拌和后,水化生成 $Ca(OH)_2$ 和 CSH 等水化物,$Ca(OH)_2$ 随即被土质吸收,进行离子交换。在此状态下,如果水泥土液相仍处于 $Ca(OH)_2$ 过饱和状态,则 CSH 等水泥水化物将不受周围介质影响正常生成,且 $Ca(OH)_2$ 与土质中活性物质进行凝硬反应生成 CSH 等水化物,替代部分水泥的活性材料也能充分水化,产生 CSII 等水化物,在这种情况下水泥土可得到较高的强度。如若水泥土液相已不再为 $Ca(OH)_2$ 所饱和,则土质将吸收生成 CSH 所需的 Ca^{2+}、OH^-,使水泥水化生成的 CSH 量大大减少,且土质中活性物质及加入的活性材料也因得不到足够的 $Ca(OH)_2$ 而不能发生凝硬反应,因而导致水泥土强度较低。

从水泥加固土的机理分析可见,水泥加固土的强度主要来自水泥水化物的胶结作用,在水泥水化物中水化硅酸钙对强度的贡献最大。另外对于软土地基深层搅拌加固技术来说,由于机械的切削搅拌作用,实际上不可避免地会留下一些未被粉碎的大小土团。在拌入水泥后将出现水泥浆包裹土团的现象,而土团之间的大孔隙基本上已被水泥颗粒填满。所以加固后的水泥土中形成一些水泥较多的微区,而在大小土团内部则没有水泥。只有经过较长的时间,土团内的土颗粒在水泥水解产物渗透作用下,才逐渐改变其性质。因此在水泥土中不可避免地会产生强度较大的和水稳定性较好的水泥石区和强度较低的土块区,两者在空间相互交替,从而形成一种独特的水泥土结构。因此可以得出如下的结论:

水泥和土之间的强制搅拌越充分,土块被粉碎得越小,水泥分布到土中越均匀,则水泥土的结构强度离散性越小,其宏观的总体强度也越高。

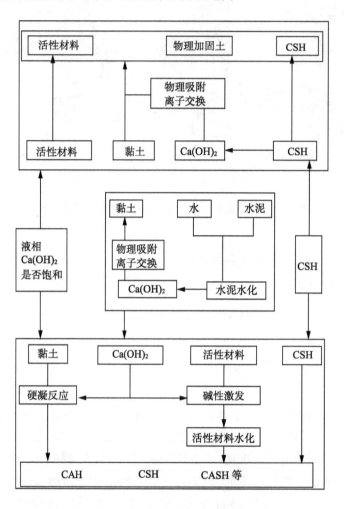

图 2-9　水泥土硬化反应模式示意图

2.7.2　施工工艺

（一）喷浆型施工工艺

1. 施工顺序

喷浆型深层搅拌的施工顺序如图 2-9 所示。

（1）就位

吊车（或塔架）悬吊深层搅拌机到达指定桩位，使中心管（双搅拌轴机型）或钻头（单轴型）中心对准设计桩位。

（2）预搅下沉

待深层搅拌机的冷却水循环正常后（对于采用潜水电机机型，对空气冷却型电机无此内容），启动电机，放松起重机钢丝绳，使搅拌机沿导向架边搅拌、边切土下沉，下沉速度可由电机的电流监测表控制，工作电流不应大于 70 A。

（3）制备水泥浆

待深层搅拌机下沉到一定深度时，即开始按设计确定的配合比拌制水泥浆，待压浆前将水泥浆倒入集料斗中。

（4）喷浆搅拌提升

深层搅拌机下沉到设计深度后，开启灰浆泵将水泥浆压入地基中，并且边喷浆、边旋转搅拌钻头，同时严格按照设计确定的提升速度提升深层搅拌机。

（5）重复搅拌下沉和提升

待深层搅拌机提升到设计加固范围的顶面标高时，集料斗中的水泥浆应刚好排空。为使软土和水泥浆搅拌均匀，可再次将搅拌机边旋转边沉入土中，至设计加固深度后再将搅拌机提升出地面。

（6）清洗

向集料斗中注入适量的清水，开启灰浆泵，清洗全部管路中残余的水泥浆，直至基本干净。并将粘附在搅拌头上的软土清除干净。

（7）移位

将深层搅拌机移位，重复上述（1）～（6）步骤，进行下一根桩的施工。

对于单搅拌轴的深层搅拌施工中预搅下沉时也有采用喷浆切割土体、搅拌下沉的工艺，以防止出浆口在下沉过程中被土团所堵塞。

2. 开挖效果

将经过一个月自然养护后的水泥土搅拌桩体开挖，观察搅拌加固效果。

（1）外形尺寸

只要是经过充分搅拌，水泥土桩体的轮廓尺寸和搅拌头的叶片直径相当，上下尺寸基本一致。

（2）相对强度

经深层搅拌法加固后形成桩体的周围软土的状态与天然软土相近，用铁锹轻挖即能掘起一大块。但掺入 8% 水泥的深层搅拌桩体却要用脚用力踩铁锹才能掘下一块，而掺入 12% 水泥的搅拌桩体须用镐才能刨动。

（3）断面情况

单根深层搅拌桩的横断面从整体而言基本均匀，但由于水泥浆的颜色和软土不同，所以在某些局部也能看到水泥富集的"结核区"。随着搅拌次数的增多，这些"结核"可大大减少，但相对的施工时间增长。根据开挖所见，确认搅拌两次（即喷浆搅拌一次，再重复上下搅拌一次）的工艺较好。

（4）强度对比

从搅拌桩身切取试块进行强度试验，与同龄期、同水泥掺量的室内试块强度比较，前者约为后者的1/3。

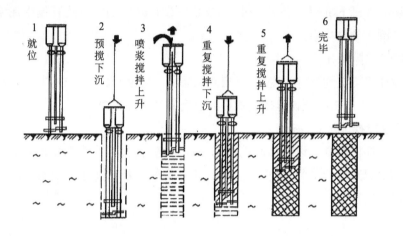

图 2-10　喷浆型深层搅拌施工顺序

（二）喷粉型施工工艺

1. 施工顺序

图 2-11 为喷粉深层搅拌法加固软土地基施工流程图。

（1）就位

移动钻机，使钻头对准桩位，校正井架的垂直度。

（2）钻进

启动钻机，使之处于正转给进状态。同时，启动空压机，通过送气管路向钻具内喷射压缩空气。一是防止钻头喷口堵塞，二是减少钻进阻力。钻至设计标高后停钻，关闭送气管路，打开送料管路和给料机开关。

（3）提升

操纵钻机，使之处于反转状态，确认水泥粉料到达钻头后开始提升。边旋转搅拌、边提升，使水泥粉和原位的软土充分拌和。

（4）成桩

当钻头提升至设计桩顶标高后，停止喷粉，形成桩体。继续提升钻头直至离开地面，移动钻机到下一个桩位。

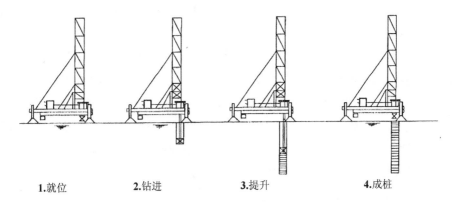

1.就位   2.钻进   3.提升   4.成桩

图 2-11　喷粉深层搅拌施工流程

2. 施工技术

喷粉搅拌施工过程中,其技术关键是根据设计要求的喷灰量选择好相关施工参数,并在操作工艺上完全实现。

(1) 钻机提升档数

钻机提升档数分三档,由于钻机设计中已考虑到提升速度与转盘转速的匹配,因此各档速度时的水泥粉和原位土的搅拌效果相同。施工中可以不改变其他操作参数,利用不同档次来达到桩长不同喷粉量的要求。这种方法比较简单,特别适用于地层变化较多,要求不同喷粉量的场合。由于机械上的特点,喷粉的速度在快档时稍有提高,这是因为提升和搅拌速度加快造成搅拌叶片的背侧会产生大量的空隙,形成较大的负压而使粉体易于排出。

(2) 喷粉机叶轮转速和供料压差的控制

调节喷粉机叶轮的转速,可以得到不同的出粉量。供粉压差是指叶轮泵进料口和出料口的压差,也就是料斗内部与输送管道的压差。这是保证连续均匀出料的关键。实践证明,叶轮转速在 5~25 r/min 范围内使用,可以达到喷粉量的要求。由于叶轮构造上的原因,当其每分钟超过 30 转时,反而不能出料。供料压差控制在 20 kPa 以上即可顺利喷出水泥粉料。

(3) 空压机的流量和压力

在气力输送过程中,粉料的运动状态主要受气流的支配,理想的运动状态为均匀悬浮状运动。因此,必须使空压机维持一定的流量,形成一定的气流速度,使粉料顺利输送。气流速度过低,容易造成粉料的不稳定移动,最终造成管道堵塞。所以喷粉搅拌施工前,应通过对加固料输送量及输送管道的要求,选取合适的混合比(单位时间内通过输料管道截面粉料的质量与所需空气的质量之比),从而计算出需要的空气流量,保证合适的气流速度。施工实践表明,由于喷粉搅拌桩的长度一般不超过 20 m,不同地层对空气流量的需求差别不是很大,一般达到 1 m³/min 左右就能使管道中保持一定的压力,以克服管道及喷粉口的阻力损失,使粉料在管道中顺利输送到搅拌钻头。

（4）搅拌钻头

喷粉量相同的情况下,相同土层中水泥土桩身强度及承载力的大小,取决于水泥粉与原位土体搅拌均匀程度。从搅拌加固过程分析,由于钻头叶片在切削土体时,受土料软硬不均的影响,会形成一些较大的土团,干粉就不易拌入,容易形成水泥土桩身的软弱夹层。现场的实际开挖也发现:在截面中心部分的强度较低,截面颜色的变化呈同心环状,剖面呈锅底状层理,即"千层饼"状结构。因此增加搅拌次数是克服喷粉搅拌桩桩身强度不均匀的关键。常用的钻头形式为双头短螺旋叶片形式。

（5）常见的机械故障和消除

喷粉搅拌加固软基施工中,高压水泥粉体除了对发送管路系统产生磨损之外,也会对喷粉器叶轮泵叶片上密封橡胶垫产生磨损而漏灰,影响喷粉器调节灰量,更严重的是胶垫撕裂后随压缩空气吹入管路堵塞管道;还有水泥粉受潮在管壁、喷灰口孔壁凝结,缩小管径和孔壁等问题。施工中因这类故障造成的停机占 3/4。此外,还可能有因水泥粉体借助压缩空气无孔不入,出现压力仪表失灵、空气压缩机贮气罐进灰、阀门磨损漏气等故障。

上述这些故障和问题的出现会给正常施工带来困难,随时都有可能影响桩体实际的掺粉量。所以在施工阶段,机械应维修保养好,并及时拆换易损件,经常清洁管路和喷灰口。

（6）硬地层中的喷粉搅拌施工

由于喷粉搅拌施工的软土层上方,经常会分布着一层硬壳层,土质一般为黏土或粉质黏土,含水量较低,不易被切削粉碎,因此当搅拌头经过该地层时,喷灰口喷出的高压水泥粉体因土体的吸附性差和沿地表垂直方向透气性强,而造成水泥粉混合高压空气沿钻杆向上喷粉,既造成环境污染,又使该土层中水泥掺量不足。解决办法是在上提钻杆时充分注水,增加土层的含水量。

粉体喷射搅拌本身技术的不完善,加上一些施工单位的不精心施工,以致在我国某些城市中接连发生喷粉搅拌桩的施工质量事故,影响了该项新技术的推广应用,例如上海市建委规定从 1997 年 5 月 1 日起在上海市行政区域范围内的地基处理工程中暂停使用粉喷桩,天津市、南京市和珠海市建委也作出了类似的限制。然而随着中华人民共和国行业标准《建筑地基处理技术规范》2002 版比 1991 版在水泥土搅拌法的内容上增加了喷粉搅拌的条款,并且对这种施工方法的机械设备和施工工艺作出了严格的规定,使粉体喷射搅拌技术又开始走上正规,目前正在逐步扩大应用范围。

粉体喷射搅拌施工的技术关键如下:

① 由于干法喷粉搅拌用可任意压缩的空气输送水泥粉体,因此送粉量不易严格控制,所以要认真操作粉体自动计量装置,严格控制固化剂的喷入量,满足设计要求。

② 合格的粉喷桩机一般均已考虑提升速度与搅拌头转速的匹配,钻头每搅拌一圈提升约 15 mm,从而保证成桩搅拌的均匀性。但每次搅拌时,桩体将出现极薄软弱结构面,这对承受水平剪力是不利的。一般可通过复搅的方法来提高桩体的均匀性,消除软弱结构面,提高桩体抗剪强度。

③ 定时检查成桩直径及搅拌的均匀程度。粉喷桩桩长大于 10 m 时,其底部喷粉阻力较大,应适当减慢钻机提升速度,以确保固化剂的设计喷入量。

④ 固化剂从料罐到喷灰口有一定的时间延迟,严禁在没有喷粉的情况下进行钻机提升作业。

2.7.3 加固效果

现场水泥土搅拌桩是用水泥作为固化剂,通过深层搅拌机械将固化剂与软土地基强制搅拌所形成的。它是一种介于刚性桩和散体材料桩之间的一种可压缩性桩。

一般软土采用深层搅拌加固时,常用的水泥掺入比为 8%～20%,硬结而成的水泥土桩身强度可达 1 MPa,变形模量则可达到 100～120 MPa。因此水泥土搅拌桩的桩身强度和刚度远远高于散体材料桩(砂桩、碎石桩),但又不如刚性桩(钢筋混凝土桩、钢桩)。水泥土搅拌桩在无侧限情况下,可保持桩体直立,在轴向力作用下有一定的压缩变形,其承载性状与刚性桩类似,即土对桩的支承可由桩侧摩阻力和桩端阻力所组成。

任何类型土均可采用水泥作为固化剂(主剂)进行加固,只是加固效果不同。砂性土的加固效果要好于黏性土,而含有砂粒的黏土固化后,其强度又大于粉质黏土和淤泥质粉质黏土。并且随着水泥掺量的增加、养护龄期的增长,水泥土的强度也会提高。天然软土中,当掺加 PO32.5 的普通硅酸盐水泥、掺量为 10%～15% 时,90 d 标准龄期水泥土无侧限抗压强度可达到 0.80～2.0 MPa。更长龄期强度试验表明,水泥土的强度还有一定的增加,尚未发现强度降低现象。

与天然土相比,在常用的水泥掺量范围内,水泥土的重度增加不大,含水量降低不多,但抗渗性能大大改善。

为了检验水泥土搅拌法加固软土地基的长期强度和稳定性,日本竹中土木研究所曾对已施工四年的水泥土搅拌桩进行开挖取样试验。对挖出的深层搅拌桩身切取试块进行抗压试验的结果表明,四年龄期的桩身试块无侧限抗压强度均不低于 3 个月龄期室内试块的强度。分析表明如果水泥加固土的长期稳定性受到破坏,意味着加固土中的钙化物被分解后会扩散到周围未加固土中,即含钙量从桩中心部位向周围部分逐渐减少,而周围未被加固土中的含钙量会增加。通过在桩身各部位钻取的试样进行含钙量分析表明,各试样的含钙量虽有微小的差异,但基本呈现相同的数量级,看不出含钙量明显减少的趋势;搅拌桩周围未加固土的含钙量也大体和未加固前的软土中的含钙量相同。因此化学分析表明水泥加固土的长期稳定性也是可以肯定的。

2.8 蓝派击实法

20世纪50年代,南非共和国 Berrange 先生以全新的设计理念,一改近一个世纪以来传统压路机的设计思路,将压实轮由圆形改为非圆形,创设出连续式冲击压实技术及其设备,在压实作业中将连续的冲击、碾压、揉压和剪切效能作用于土石体,从而获得深层压实效果,这被国际工程机械行业视为压实机械发展史中的重大革命。

2.8.1 加固机理

蓝派法击实轮外形为多边形,如三边形、四边形或五边形等。作业中牵引机带动压实轮滚动过程中,压实轮轮廓曲线从最小半径处起步,随后接触点半径逐步增大,压实轮与地表的接触面积逐渐减小,地表作用在压实轮上的支持力逐步增大,此时呈现支持力大于重力的一段作用过程即揉压过程。压实轮对地表施以越来越大的揉压力,当其滚动至最大半径处,出现一瞬间支持力等于重力的碾压过程。在这段揉压碾压过程中其动能等于压实轮平动和转动的动能之和,随即便是压实轮滚动至下一轮瓣轮廓曲线最小半径处,此时冲击轮沿垂直方向的线加速度远大于重力加速度,压实轮冲击地表土体,产生远大于冲击轮自重的冲击作用,迫使被压实材料结构发生改变。在这种"揉压—碾压—冲击"的综合作用下土石颗粒重新组合,强迫排出土石颗粒之间的空气和水,细颗粒逐渐填充到粗颗粒孔隙之中,使被压实材料产生永久性残余变形,从而使土体得到压实。

蓝派冲击压实技术对土的压实机理与以冲击力为主要作用力的强夯加固土的机理相似,对于不同类型的土,其压实机理也不同,可简单分为以下几类:

(1)动力加密机理:冲击压实多孔隙、粗颗粒非饱和土属于动力加密,即强大的冲击能强制压缩密实土体,排除土体中的空气,使其发生塑性变形,从而得到加密。

(2)动力固结机理:冲击压实细颗粒饱和土为动力固结,即强大的冲击能作用在饱和细粒土地基上,引起的冲击波在地基土体内传播,使土体孔隙水压力迅速增大,破坏土的结构使土体局部液化并产生许多裂隙。裂隙作为孔隙水的排水通道,使孔隙水压得以消散,土体固结,待土体触变恢复后强度提高。

(3)动力置换机理:冲击压实加固淤泥质软弱地基为动力置换,即在软弱地基表面根据软基的软弱情况铺筑一定厚度的碎石垫层,软基强度越低,铺筑的厚度越大,然后利用冲击压实的巨大冲击力将碎石整体打入淤泥进行整体式置换,从而形成一定厚度的强度较高的持力层。

2.8.2 施工工艺

(1) 路面平整清理

在进行冲击压实作业之前,需做好路基表层的清理工作,将路基上残留杂质清理干净,用平地设备进行粗平处理。然后对填料含水量进行检测,确保填料含水量在冲击压实施工最佳含水量允许的误差范围以内。此外,做好路基结构排水系统的设置,保证排水通畅。

(2) 路基施工放样

在对路基进行碾压前,需复测路基工程中全部的导线点与水准点,存在问题的及时进行矫正以保证施工点的准确性。另外,需要按照20 m的距离,在直线段恢复路基边线,按照10 m的距离,设置桩号的中线,通过撒灰方式对压实的路线进行布置,布置原则上要满足压路机行走和路基宽度要求。

(3) 路基压实

冲击压实轮通常为三瓣式凸形轮,旋转一周可对土体冲击压实3次,对土体表面任一点的冲压概率为1/6,如图2-12所示。因此在碾压时,应纵向错开1/6轮周,冲击轮每行车碾压6次为碾压一遍。碾压过程中,为防止扬尘,应及时洒水。

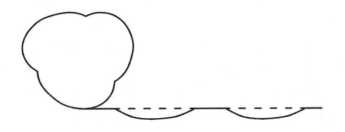

图 2-12 压实轮冲压过程

2.8.3 加固效果

(1) 减小路堤的工后沉降率

通过室内模型试验与现场路堤沉降量试验观测,路基在达到规范要求的压实度时,其工后沉降率为0.4%左右。高填方路堤采用冲击碾压技术施工可使工后沉降率接近0.1%~0.15%,能较好地避免差异变形所引发的裂缝,这是解决土石高填方路堤变形病害的有效技术措施。

(2) 提高路基整体强度与均匀性

使用冲击压路机分层冲击碾压主路堤与补压振碾达标路床工程,能较好地提高路基的整体强度与均匀性,有利于避免路面的早期损坏。

（3）加速软基沉降固结

冲击碾压对软土地基具有加速沉降与固结的作用。冲击压路机对地面施加冲击能量后，土体受拉、压作用，软土自由水经塑料排水板排出地表后，土体密实度增加，加速了软基的沉降固结。如果在软基上填筑路堤，采用冲击压路机分层碾压工艺，可在施工过程中加快路基的固结速度，有利于其沉降固结。

2.9 小结

沿海滩涂地区的淤泥层厚度一般在数米到数十米范围内，其含水量较高，强度较低，还有较大的压缩性，非常容易变形，要想在滩涂上进行建筑物建设和填土等工程，首先要解决地基的稳定问题。对浅层软基来说，常用的处理技术包括换填法、预压法和蓝派击实等方法。深层软基处理技术比较常用的有水泥搅拌桩法、预应力管桩法、振冲碎石桩法等。在实际使用时要根据材料来源、地质条件、施工条件等选择适合当地的处理方法。

本章主要讲述的是软土地基的常规处理技术，根据地基处理的加固原理简要分为置换法、预压法和复合地基法。置换法是常用的一种软土地基处理方法。挖除位于处理范围内的表层软土，换成强度较大的砂砾、碎石土等含水量低而透水性较好的施工材料，根据地基使用要求分层压实。该方法可提高地基承载力，避免地基破坏，减少地基浅层的沉降量，而且垫层的应用会降低下卧土层的沉降量。预压法包括堆载预压、真空预压等方法，适用于淤泥、淤泥质土、黏性土等软土地基加固，不适合用在泥炭土地基加固。在软土地基内布置一定的竖向排水体和水平排水层，向地基施加一定的堆载或真空压力，进而使土中的孔隙水排出，降低地基含水量，增加地基的强度和承载力。该方法的优点是施工工艺成熟，能大大缩短软土固结时间，处理后的路基强度提高大、工后沉降小，缺点是施工工期长，工程直接投资较大。复合地基法如振冲碎石桩法、混凝土桩法和水泥搅拌桩法，工作原理是在天然地基的软土内，利用一定的机械作用，增加人工桩设置，与周围软土构成复合地基，提高地基的承载力和强度，减少地基沉降变形。

第三章
桩基快速施工技术研究

3.1 引言

本文依托瑞安万松东路二期延伸道路工程,工程区域沿线属于海积平原地段的软土,地形平坦、沟壑纵横、水域发达。地表 1.5 米左右为素填土,以下至 50 米深为淤泥、淤泥质土,土体具有天然含水量高、孔隙比大、高压缩性、低承载力、灵敏度高、固结缓慢、透水性差等特点。软土是构成此工程路基的主要压缩层,路基填筑易产生过量沉降。此工程全线道路为填方路堤,采用塘渣填筑,平均厚度为 2.5 m。其中预应力管桩和混凝土灌注桩作为此工程主要的软基处理措施,施工量非常大,桩基的施工进度将制约整个工程的施工进度,因此需要对桩基的快速施工做技术研究。

根据预应力管桩的施工质量要求(见表 3-1),管桩的垂直度和焊接是质量控制重点。

表 3-1 预应力管桩的施工质量检验

检验项目	质量要求和允许偏差	检验频率	检验方法	备注
桩位	±10 cm	抽查 2%	经纬仪检查	纵横方向
第一节桩垂直度	≤0.5%	查施工记录	经纬仪测量	
后续桩垂直度	≤1%	查施工记录	经纬仪测量	
接桩时错位偏差	≤2 mm	全部	尺量	
焊接层数	≥2 层	全部	目测	
焊接点数	≥6 点(对称位置)	全部	目测	
桩长度	≥设计要求	全部	锤球法测量	
桩头标高	±5%	抽查 2%	水准仪测量	
单桩极限承载力	≥500 kN	≥2‰	静载试验	

在预应力管桩施工中由于导杆变形影响、平台承载力不足发生倾斜、桩锤桩身中心线不在同一直线上造成偏心受力、遇到障碍物跑位、接桩时不垂直等原因造成管桩倾斜的情况时有发生,当倾斜太大甚至会造成桩身折断。在相关规范和设计中规定基桩垂直度允许偏差不得超过 0.5%。但在相关的检测规范中均未提及具体的垂直度检测和操作方法。因此为更好地控制桩体垂直度和保证施工质量,根据施工工艺和方法对垂直度检测方法进行研究,提出了一种快速检测设备在施工时对垂直度进行检测。通过模拟试验和现场试验相结合进行分析讨论,结合管桩的施工工艺,确定垂直度快速检测设备的组成和工作方式。拟通过在桩体上安装检测设备,直接读取检测数值来判断垂直度是否符合要求。

在工程施工中预应力管桩一般较长,采用多节桩体组合施工,桩体之间连接的常规方法是采用人工焊接,焊接时要求分层焊接且焊接层数不得少于 2 层,焊接接头自然冷却且冷却时间至少 8 min。通过现场实际记录,焊接施工和冷却时间占整个施工时间的 70%,是造成施工工艺耗时长的主要原因,因而优化接头施工工艺是提高预应力管桩施工效率的关键。这里拟从两个方面进行深入优化和研究:一是引进二氧化碳气保焊替代传统焊接方式;二是使用机械连接技术替代焊接技术。

图 3-1　预应力管桩焊接施工

在深厚淤泥质软土的条件下,灌注桩施工设备的选择由显重要,保证灌注桩成孔质量的同时,亦要考虑其经济合理性。通过施工机械选择,一方面对比常见设备的优缺点和适用性,另一方面可对现场工程实施的设备进行进一步探讨。沿海软土、淤泥滩涂地质混凝土灌注桩经常采用的钻孔方式有:冲击钻机钻孔、回旋钻机钻孔、旋挖钻机钻孔三种,其中回旋钻机又分为正循环、反循环钻孔两种。

在灌注桩施工过程中泥浆护壁是保证灌注桩成孔质量的重要技术。在传统的施工方法中通常采用高膨润性黏土作为护壁的造浆材料,但滨海城市的黏土为稀缺物质,市场供应能力严重不足。通过分析工程所在地的土质特性,与高膨润性黏土特性进行对比分析,经过试验得出一种能替代高膨润性黏土的护壁造浆材料,可以解决护壁造浆材料稀缺的问题。

滨海深厚淤泥质软土地区沉井施工难度较大,主要问题是沉井过程中会出现持续上涌淤泥土,致使沉井封底难以进行。通过对比优化现有的封底技术,总结出一种施工快速、成本低、安全性高的沉井封底施工方法,指导现场沉井施工。

3.2 预应力管桩垂直度快速检测设备研发

3.2.1 检测原理

本项目研发了管桩垂直度快速检测设备——便携式三维倾斜传感器,通过在管桩外壁上安装倾斜仪,倾斜仪的量测数据通过连接线反应到显示处理设备,人工读取显示处理设备上的倾斜度数据来判断管桩垂直度是否符合要求,同时根据数据结果采取不同的技术措施进行垂直度的调整和修正。

3.2.2 装置构造

快速检测设备(如图 3-2)包括倾斜感应设备和固定设备。倾斜感应设备包括倾斜仪、显示处理设备和电缆,固定设备包括二开环箍和快速固定卡扣,电缆连接倾斜仪与显示处理设备,倾斜仪固定在二开环箍上,通过快速固定卡扣将二开环箍固定在管桩上。二开环箍的内直径和管桩外直径一致,快速固定卡扣为活动式卡扣,可快速打开和关闭。倾斜仪要求倾斜度误差在 0.2%(即倾斜角 0.01°)以内,显示处理设备显示倾斜角度值,根据倾斜角度值确定管桩的垂直度是否在规定数值范围内。

将检测设备运用于施工现场预应力管桩施工中,按照安装图安装检测设备,安装完成后即进行打桩施工。

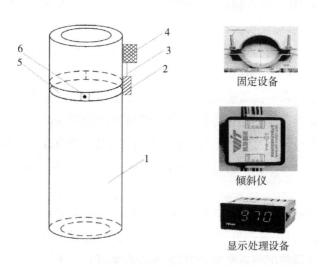

1—管桩;2—倾斜仪;3—电缆;4—显示处理设备;5—二开环箍;6—快速固定卡扣

图 3-2　检测设备结构示意图

3.2.3　施工工艺

根据现场预应力管桩施工的步骤,安装垂直度快速检测设备的步骤如下:

(1) 在竖桩之前,将二开环箍和快速固定卡扣安装至桩体顶部附近,并安装倾斜感应设备。

(2) 确定桩位后,下放首节桩,观测桩体的垂直度,控制垂直度在 0.5% 以内,确定垂直度后,即可开始打设或静压。

(3) 在打设或静压过程中,观测桩体的垂直度。如垂直度超过 0.5%,停止打设或静压,及时调整,但需保证桩身不裂,必要时使用拔桩机拔出重新打设。首先应尽可能拔出桩身,查明原因,排除故障。拔出后重新打设时,应用砂土回填后再施工,不允许采取强扳的方法进行纠偏,而将桩身拉裂或拉断。

(4) 当首节桩的倾斜感应设备打设至靠近地面时,卸除二开环箍、快速固定卡扣和倾斜感应设备,继续打设或静压桩体至设计高度。

(5) 如预应力管桩较长,需进行接桩。同首节桩一致,在竖桩之前,将二开环箍和快速固定卡扣安装至桩体顶部附近,并安装倾斜感应设备。

(6) 起吊桩身至首节桩上部,根据显示处理设备调整桩身垂直度,采用焊接或机械连接进行接桩。打设桩体,及时观察和调整垂直度。

(7) 当接桩的倾斜感应设备打设至靠近地面处,卸除二开环箍、快速固定卡扣和倾斜感应设备,继续打设或静压至设计高度。

(8) 重复步骤(5)～(7),直至桩体打设到设计的深度。

3.2.4　检测效果

为检验倾斜仪的检测精度和设备的适用性,在施工现场进行现场试桩(桩长为 9 m)。在管桩打设之前,先安装好管桩垂直度快速检测设备,当打设开始时,开启管桩垂直度快速检测设备,每隔 1 min 记录一次数据,倾斜度的结果见表 3-2。

表 3-2　监测数据倾斜度汇总　　　　　　　　　　　　(单位:‰)

次序	F1	F2	F3	F4	F5	S1	S2	S3	S4	S5
01	0.000	0.000	0.000	0.000	0.000	0.000	0.000	0.000	0.000	0.000
02	0.241	0.141	1.164	0.237	0.150	0.278	0.884	0.234	0.368	0.268
03	0.340	0.300	1.718	0.335	0.212	0.515	1.176	0.397	0.641	0.901
04	0.382	0.261	1.962	0.370	0.269	0.439	0.967	0.586	0.601	0.817
05	0.565	0.261	2.060	0.255	0.489	0.372	0.732	0.712	0.546	0.775
06	0.510	0.253	2.060	0.299	0.425	0.305	0.732	0.624	0.534	0.722

次序	F1	F2	F3	F4	F5	S1	S2	S3	S4	S5
07	0.510	1.316	1.630	0.341	0.554	0.238	0.691	0.444	0.329	0.642
08	0.565	2.550	1.638	0.360	0.595	0.256	0.746	0.418	0.232	0.484
09	0.596	2.421	1.183	0.554	0.595	0.363	0.870	0.523	0.232	0.554
10	0.664	2.493	1.087	0.659	0.554	0.469	0.954	0.586	0.232	0.679
11	0.632	2.901	1.125	0.644	0.514	0.407	0.732	0.506	0.193	0.685
12	0.553	2.756	1.175	0.487	0.773	0.384	0.665	0.586	0.276	0.525
13	0.440	1.803	0.706	0.276	0.680	0.256	0.625	0.586	0.244	0.391
14	0.623	1.769	0.421	0.255	0.574	0.238	0.626	0.461	0.232	0.272
15	0.622	1.616	0.223	0.195	0.484	0.337	0.547	0.402	0.173	0.300
16	0.500	2.036	0.539	0.299	0.332	0.256	0.391	0.431	0.043	0.425
17	0.868	2.227	0.839	0.570	0.619	0.238	0.844	0.460	0.521	0.391
18	1.139	1.262	0.890	0.657	0.608	0.151	1.123	0.431	0.618	0.365
19	0.733	1.371	0.720	0.539	0.383	0.347	0.891	0.506	0.641	0.618
20	0.843	2.093	0.601	0.370	0.470	0.301	0.996	0.714	0.733	0.691
21	0.560	1.669	0.706	0.255	0.409	0.095	0.720	0.595	0.657	0.793
22	0.223	1.368	0.682	0.299	0.304	0.143	0.691	0.481	0.618	0.467
23	0.268	1.486	0.447	0.237	0.237	0.106	0.636	0.365	0.657	0.382
24	0.506	1.985	0.683	0.360	0.095	0.135	0.511	0.187	0.753	0.300
25	0.843	1.881	0.853	0.369	0.150	0.439	0.787	0.337	0.613	0.309
26	0.707	1.796	0.847	0.276	0.336	0.384	1.176	0.431	0.675	0.403
27	0.698	1.429	1.045	0.509	0.318	0.343	1.050	0.497	0.753	0.457
28	0.322	1.304	0.721	0.344	0.383	0.151	1.038	0.365	0.618	0.475
均值	0.552	1.527	0.990	0.370	0.411	0.284	0.779	0.459	0.455	0.503

根据监测数据发现倾斜度变化最大点为 F2，其最大倾斜度为 2.901‰，倾斜度的平均值为 1.527‰。

图 3-3 和图 3-4 展示了所有倾斜度随打桩过程的变化规律。通过对监测结果进行分析，施工期间桩身最大倾斜偏差为 2.901‰，未超过其控制值（5‰）。这说明该管桩垂直度快速检测设备在监测中效果良好，具有可用性。

现场管桩垂直度快速检测设备测试结果显示，设备精度和准确性满足施工要求，该设备可运用于工程预应力管桩施工中。经分析，在一节桩体上只安装一个管桩垂直度快

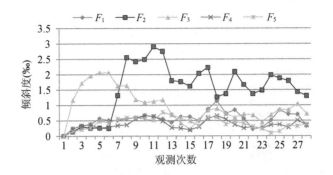

图 3-3　监测点 F1～F5 倾斜度变化曲线图

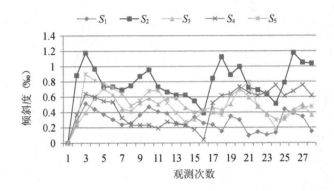

图 3-4　监测点 S1～S5 倾斜度变化曲线图

速检测设备进行垂直度检测即可满足工程质量要求。

　　为进一步验证检测设备在现场施工中的准确性和适用性,在采用此设备进行垂直度检测的同时,采用两台经纬仪在离打桩架 15 m 以外处成正交方向进行观测以验证其数据的准确性,应特别注意当显示处理设备上的倾斜度大于规定值时的情况。经测量复核,检测设备显示数值准确,满足施工质量要求。同时通过现场实际操作验证其检测设备的安装和拆除工作的实用性,工人在施工操作中简便快速、可操作性强。经过现场的实际操作检验,此管桩垂直度快速检测设备的检测准确性满足施工规范设计质量要求,操作性满足现场要求,可用于管桩施工中垂直度的检测。

3.2.5　仪器改进

　　通过管桩垂直度快速检测设备的现场运用及对操作流程和施工工艺进行总结分析,发现该设备上的显示处理设备安装在管桩顶部位置,施工中无法精确读取数值即无法快速判断管桩是否倾斜,固定设备采用二环抱箍,工人施工操作耗时仍较长,同时倾斜仪与显示处理设备采用电缆连接存在较大的安全隐患,因此对测试设备进行了改进。改进后倾斜感应设备如图 3-5。

主要是将显示处理设备进行改进,由安装在管桩上改为地面电脑接收,电脑安装设备软件后通过无线接收装置在电脑上直接读取检测数值,将固定设备二环抱箍改为304不锈钢扎带自锁式抱箍卡,安装和拆除施工简便。

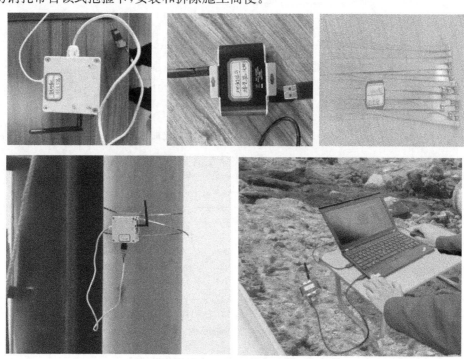

图 3-5　改进后倾斜感应设备图

3.3　预应力管桩新型快速连接装置研发

3.3.1　装置原理

通过对管桩接头的施工工艺分析,拟从两个方面进行深入优化和研究:一是引进二氧化碳气保焊替代传统焊接方式;二是使用机械连接技术替代焊接技术。根据现场工艺试验数据显示,二氧化碳气体保护焊对提高管桩施工效率影响不大,因此将不再对其进行深入研究。机械连接技术主要是对管桩桩头构造进行研究,通过增设连接装置来提高接头的连接效率。调查发现市场上现有的竹节桩即是对管桩的桩头进行了优化和改进,竹节桩机械连接效率较传统的焊接工艺提高了约 2 倍,整体施工效率提高 1 倍。虽如此,其施工质量却难以保证。因此通过优化竹节桩的连接形式研发了一种预应力管桩新型快速连接装置和一种预应力管桩连接专用端板来保证施工速度以及施工质量。

3.3.2 装置构造

(1) 先张法预应力混凝土管桩快速连接装置

预应力管桩新型快速连接装置包括第一端板和第二端板。在第一端板上设置3～7个预留钢棒锚固孔和连接口,在其中一个连接口上开设插销口。在第二端板上开设螺栓孔和对应的预留钢棒锚固孔。

连接装置使用时采用钢棒通过A端板上预留的钢棒锚固孔和B端板上预留的钢棒锚固孔将A端板和B端板分别锚固在桩体两端,然后通过连接口采用卡扣的形式将A端板和B端板连接。桩体端板卡扣式连接如图3-6。

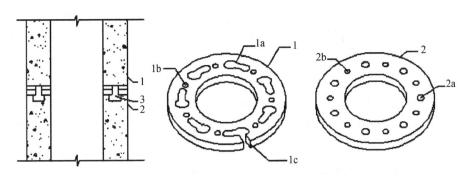

1—A端板;2—B端板;3—螺栓;1a—连接口;1b—预留钢棒锚固孔;1c—插销口;
2a—螺栓孔;2b—预留钢棒锚固孔

图3-6　桩体端板卡扣式连接示意图

(2) 预应力管桩连接专用端板装置

预应力管桩连接专用端板包括母扣端板和子扣端板。母扣端板为筒状端板,在筒状端板上设置相互间隔的第一叶片和槽座。子扣端板为板状端板,在板面上间隔设置第二叶片。

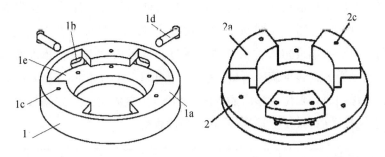

1—母扣端板;2—子扣端板;1a—第一叶片;1b—限位卡槽;1c—第一钢棒锚固孔;
1d—限位插销;1e—槽座;2a—第二叶片;2c—第二钢棒锚固孔

图3-7　桩体端板子母扣式连接示意图

预应力管桩预制过程中,将钢棒通过钢棒锚固孔分别锚固于母扣端板和子扣端板上,施工打设过程中,将子扣端板向下,母扣端板向上,将分别安装了子母扣端板的桩体通过桩机上安装的旋转设备使子母扣叶片完整啮合,再用限位插销焊接固定。桩体端板子母扣式连接如图 3-7。

3.3.3 施工工艺

(1)先张法预应力混凝土管桩快速连接装置施工工艺

为验证其装置的适用性,项目选择在 9♯桥桥头预应力管桩施工中采用此装置进行接头的连接施工。由于预应力管桩采用成品购置,因此该装置需根据设计图提前预制加工。

管桩在厂预制时,在桩体两端预留连接孔,施工时采用钢棒通过 A 端板上预留的钢棒锚固孔和 B 端板上预留的钢棒锚固孔将 A 端板和 B 端板分别锚固在桩体两端,并在出厂时配备相应的专用螺栓。

施工过程中,将 A 端板向下和 B 端板向上,采用设备将桩体送入土体,外漏 50 cm 桩头。将专用螺栓安装到管桩的 B 端板上的螺栓孔内,采用设备将下一节管桩吊起,使下一节 A 端板上的连接口与 B 端板上的专用螺栓对接。完成对接后,启动旋转设备,管桩以管桩中心为旋转点旋转,使专用螺栓完全进入锁扣,然后将简易插销放入插销口内,将简易插销与端板焊接。检查无松动后继续送桩,重复以上步骤,完成管桩施工。

(2)预应力管桩连接专用端板装置施工工艺

为验证其专用端板设备的适用性和操作性,项目选择在 13♯桥桥头预应力管桩施工中采用此设备进行接头的连接施工。由于预应力管桩采用成品购置,因此该装置也需根据设计图提前预制加工。

预应力管桩预制过程中,将钢棒通过第一钢棒锚固孔锚固于第一端板上,钢棒通过第二钢棒锚固孔锚固于第二端板上,管桩两头端板分别为母扣端板以及子扣端板。

施工过程中,将子扣端板向下,母扣端板向上,使用机械锤压或静压母扣端板处,将首根桩体送入土体中,外露 1 m 桩头;再使用机械将第二根桩体子扣端板向下,母扣端板向上吊起,第二节子扣端板扣入首根桩体外露母扣端板内。当顺利扣入后,启用桩机旋转设备,以管桩中心为旋转点旋转管桩,旋转至母扣叶片与子扣叶片相互啮合后,停止桩机旋转设备;由母扣两处限位卡槽内插入限位插销,焊接固定于母扣端板上,限制管桩旋转移位。检查无松动后,重复上述操作,施工多段管桩。

3.3.4 装置效果

(1)先张法预应力混凝土管桩快速连接装置效果

9♯桥桥头的预应力管桩于 2018 年 6 月 5 日开始施工,7 月 1 日施工完成。在管桩施工过程中,采用桩体端板卡扣式快速接头连接装置,对管桩施工时间进行记录并收集整理,分析其施工效率的高低和操作性的难易。

表 3-3　管桩快速连接装置(卡扣式)施工时间统计表

编号	长度	第一节桩施工时间	接头时间	第二节桩施工时间	接头时间	第三节桩施工时间	施工总时间
9-577	33 m	7 min	5 min	8 min	4 min	7 min	32 min
9-569	33 m	8 min	4 min	8 min	5 min	8 min	33 min
9-553	27 m	8 min	4 min	8 min	4 min	7 min	31 min
9-405	27 m	8 min	4 min	8 min	4 min	7 min	31 min
9-370	31 m	8 min	4 min	9 min	4 min	7 min	32 min
9-579	29 m	9 min	3 min	8 min	4 min	8 min	32 min
9-571	29 m	9 min	4 min	7 min	4 min	7 min	31 min
9-392	35 m	10 min	4 min	9 min	4 min	8 min	35 min
9-386	35 m	9 min	4 min	8 min	5 min	8 min	34 min
9-441	35 m	9 min	4 min	8 min	3 min	8 min	33 min

以 1 根 35 m 长的管桩(由三节管桩组合,两个接头)为例,施工总时间为 33～35 min,一个接头连接时间为 4 min 左右,接头总时间为 8 min,占施工总时间的 23%。与传统的连接方式焊接工艺相比,一根管桩的施工时间节约了 12 min。在施工中采用此装置进行接头连接施工,施工操作性强,适用性高,但施工工序相对较复杂,需要对锤压设备进行改装并安装旋转设备。

后期通过低应变(反射波法)对桩身结构进行完整性的检测试验。检测结果表明:采用快速连接装置卡扣式接头的管桩桩身完整,属于Ⅰ类桩;个别存在轻微缺陷,属于Ⅱ类桩。接头质量满足要求。

(2)预应力管桩连接专用端板装置效果

13#桥桥头的预应力管桩于 2018 年 6 月 11 日开始施工,7 月 14 日东侧施工完成。在管桩施工过程中,采用桩体专用端板子母扣式快速接头连接装置,对管桩施工时间进行记录并收集整理,分析其施工效率的高低和操作性的难易。

同样以 1 根 35 m 长的管桩(由三节管桩组合,两个接头)为例,施工总时间为 30～33 min,一个接头连接时间为 3 min 左右,接头总时间为 6 min 占施工总时间的 19%。与传统的连接方式焊接工艺相比,一根管桩的施工时间节约了 14 min。在施工中采用此装置进行接头连接施工,施工操作简单,适用性高,但同样需要对锤压设备进行改装并安装旋转设备。

表 3-4　管桩专用端板(子母扣式)施工时间统计表

编号	长度	第一节桩施工时间	接头时间	第二节桩施工时间	接头时间	第三节桩施工时间	施工总时间
13-261	33 m	8 min	4 min	8 min	3 min	8 min	31 min
13-548	33 m	9 min	4 min	8 min	4 min	7 min	32 min
13-533	33 m	9 min	3 min	8 min	4 min	7 min	31 min
13-371	31 m	9 min	4 min	7 min	3 min	7 min	30 min
13-370	31 m	9 min	3 min	7 min	3 min	7 min	29 min
13-317	27 m	8 min	4 min	7 min	3 min	7 min	28 min
13-313	27 m	9 min	4 min	7 min	3 min	6 min	29 min
13-153	35 m	9 min	4 min	8 min	4 min	8 min	33 min
13-380	35 m	9 min	3 min	8 min	4 min	8 min	32 min
13-108	35 m	8 min	3 min	8 min	3 min	8 min	30 min

通过后期的低应变(反射波法)进行桩身结构完整性的检测试验,检测结果表明采用专用端板子母扣式接头的管桩桩身完整,属于Ⅰ类桩。

3.4　深厚淤泥质软土下小桩径、深桩基施工技术

3.4.1　冲击成孔技术

冲击法成孔技术即利用冲击钻机或其他起重设备将重 1.0 t 以上的特制冲击锤头提升一定高度后使其自由下落,反复冲击在土中形成直径 0.4～0.6 m 的桩孔。冲击法成孔主要工序为冲锤就位、冲击成孔和冲夯填孔。成孔过程中需泥浆护壁,并通过泥浆循环带出钻渣。冲击法成孔的冲孔深度不受机架高度的限制,成孔深度可达 20 m 以上,同时成孔与填孔机械相同,夯填质量高,因而它特别适用于处理厚度较大的自重湿陷性黄土地基,并有利于采用素土桩,降低工程造价。

采用抛物线旋转体的锥形锤头,冲击成孔的效率较高。国内习惯采用长柱状冲锤,并按各地应用经验称为"柱锤冲扩法"或"孔内夯扩法",陕西地区习惯称作"孔内深层强夯法"(DDC 法),其工艺均大同小异。用于处理湿陷性黄土地基,冲击成孔法的首要目的是保证桩间土的挤密效果,消除地基土的湿陷性,采用柱状锤冲击成孔的施工效率,目前尚未见到试验对比的资料。

冲击钻主要用于砂卵砾石土层、碎石土层、风化岩层和含孤石泥土层,是一种适应性很强的造孔机械,成孔直径为 600～2 500 mm。

3.4.2 回旋成孔技术

回旋钻机有正循环和反循环两种成孔方式,两种方式的最大区别在于各自出渣方式、泥浆循环方式不同。正循环钻机泥浆从钻杆空心压入孔底,泥浆带着钻渣从孔口溢出,完成出渣及泥浆循环全过程;反循环钻机泥浆由孔口向孔内输送,由泥浆泵通过钻杆空心抽排泥浆,并抽出孔底钻渣,完成泥浆循环及出渣循环。

回旋钻机泥浆护壁效果好、成孔质量好、设备操作简单、施工费用相对较低,但其施工效率低、泥浆排放量大,对环保要求高。

3.4.3 旋挖成孔技术

旋挖钻机由钻斗、钻杆、行走履带、操作室和动力设备等组成。其机械化程度高,适用于黏土、砂性土,对于少量卵砾石土层以及下部有强风化或节理相当发育的弱风化岩层也可适用。成孔直径一般为 1.5~2.5 m,最大成孔深度可达 90 m。

旋挖钻机施工速度快、成孔质量好、泥浆排放量少,过程中需泥浆护壁。因自身重量大,对施工场地承载力要求较高。

在深厚淤泥质软土层下施工灌注桩,除本身钻孔质量,还需考虑机械本身各种性能指标的适应性。旋挖钻机自重 76 t 以上,对地基承载力要求高,而靠河侧土质湿软且土层均为淤泥土,部分为流动土体,不宜使用重型设备。冲击钻依靠自重对土体进行冲击,冲击力较大时易坍孔,在软土地层情况下孔易倾斜,充盈系数亦较大,因而冲击钻亦不适用于此工程。而回旋钻机设备具有质量轻、噪声小、操作简单等优点,且该设备具有自行走功能,成孔质量较稳定,适用于此工程地质情况。

3.5 淤泥造浆材料的资源化应用

在灌注桩施工过程中泥浆护壁是保证灌注桩成孔质量的重要技术要求,在传统的施工方法中通常采用高膨润性黏土作为护壁的造浆材料,但滨海城市黏土为稀缺物质,市场供应能力严重不足。在施工中调查工程情况,需要找出一种淤泥造浆材料来替代高膨润性黏土进行造浆以解决造浆材料稀缺的问题。

以理论联系实际,对桩基的施工及质量监控进行分析总结,通过参考其他单位淤泥质软土情况下桩基施工经验,分析工程所在地的土质特性,与高膨润性黏土特性进行对比,经过试验得出一种能替代高膨润性黏土的造浆材料。

3.5.1 试验方案

(1)进行泥浆泵、泥浆搅拌机、泥浆检测三件套、液压反铲、台秤及储水罐等试验准备。

（2）根据泥浆性能指标表（表3 7）中各种掺量取值范围，进行泥浆调制，然后对各种泥浆试样测定其性能指标。

（3）取工程场地内储量丰富的淤泥质软土进行土样检测，对其化学性质进行分析，多组淤泥土样品的化学组成情况见下表3-5。

表3-5　土样性能指标表

编号	S_iO_3	Al_2O_3	Fe_2O_3	TiO_3	CaO	MgO	K_2O	Na_2O
1	55.56	14.87	7.66	0.7	2.99	3.45	3.44	2.50
2	52.72	15.55	6.43	0.6	2.55	3.53	2.15	2.65
3	51.42	16.77	6.48	0.8	2.28	3.27	3.24	2.44
4	52.99	16.87	6.57	0.8	1.11	2.89	2.18	1.07
5	54.90	17.06	6.54	0.8	2.10	3.21	3.33	2.12
平均值	53.52	16.22	6.74	0.74	2.21	3.27	2.87	2.16

Na 和 Ca 含量对提高泥浆性能的影响极大，颗粒吸附钠离子后，可增强其亲水能力，形成厚的水化膜，提高电动电势，增强土颗粒分散性和泥浆的稳定性。而工程富含的淤泥中高含量 Na 和 Ca 有利于制造浆液用于护壁。

（4）通过室内试验，采用"淤泥土"加工泥浆，进行淤泥质软土造浆试验数据统计，根据试验选取满足要求的配合比进行试桩试验。

表3-6　膨润土性能指标表

化学组成		CaO	Na_2O
淤泥土		2.21	2.16
膨润土	浙江	1.62	1.88
	河南	1.52	0.20
	河北	2.86	0.23
	江苏	2.00	1.20
	四川	3.28	0.29
	湖北	1.46	0.54

注：表中膨润土化学组成摘自《地质出版社》出版的王鸿禧编著的《膨润土》书中

3.5.2　配合比要求

高膨润性黏土在沿海城市储量较少，购买成本亦较大，特别在滨海城市，黏土为稀缺物质，为解决造浆材料稀缺问题和保证钻孔灌注桩的成孔质量，对储量丰富的各种材料进行试验,得出一种造浆效果较好的材料。根据下表各种掺量取值范围,进行泥浆调制,然后对各种泥浆试样测定其性能指标:1)相对密度;2)粘度;3)含砂率;4)胶体率;5)失水率和泥皮厚,检测方法参考《公路桥涵施工技术规范》(JTG/T F50—2011)附录 D:泥浆各种性能指标的测定方法。

表 3-7　泥浆性能指标表

钻孔方法	地层情况	相对密度	粘度(Pa. S)	含砂率(%)	胶体率(%)	失水率(ml/30 min)	泥皮厚(mm/30 min)	静切力(Pa)	酸碱度(pH)
正循环	易坍地层	1.2～1.45	19～28	8～4	≥96	≤15	≤2	3～5	8～10

3.5.3　淤泥质软土造浆试验结果

通过室内试验,采用"淤泥土"加工泥浆,方法简单,易搅拌。淤泥质软土造浆试验数据统计如下表 3-8 所示,原浆具有良好的胶体率(95%以上)、泥皮薄(2 mm)、含砂率低(小于 2%)。加入一定量碱后,胶体率提高、粘度上涨,静止时,呈絮状,沉淀物较少。

表 3-8　淤泥质软土造浆试验数据统计表

试验组	制浆土(g)	制浆水(g)	加入处理剂	胶体率(%)	含砂量(%)	粘度(Pa. s)	泥皮厚(mm)	比重
第一组	630	1 000	未加入	95	<1	18	2	1.19
	630	1 000	碱 0.5%	97	<1	19	/	/
第二组	650	1 000	未加入	97	<1	19	2	1.20
	650	1 000	碱 0.5%	98	<1	19	/	/
第三组	650	1 100	未加入	96	<1	20	2	1.18
	650	1 100	碱 0.5%	98	<1	20	/	/

3.5.4　浇筑后充盈系数、稳孔能力应用

根据室内试验选取满足要求的配合比进行试桩试验,未出现塌孔、缩径现象,混凝土充盈系数亦控制在 1.05～1.20 之间,现已大面积应用于桩体施工。经已破检桩体试验成果报告,桩体质量为Ⅰ类桩占 96.3%,Ⅱ类桩占 3.7%,满足工程质量要求。

表 3-9　灌注桩充盈系数、成桩质量统计表

桩编号	充盈系数	检测结果	桩编号	充盈系数	检测结果
4#桥0-1	1.05	Ⅰ类	16#桥2-1	1.25	Ⅰ类
4#桥0-2	1.11	Ⅰ类	16#桥2-2	1.18	Ⅰ类

桩编号	充盈系数	检测结果	桩编号	充盈系数	检测结果
4♯桥0-3	1.10	Ⅰ类	16♯桥2-3	1.16	Ⅰ类
4♯桥0-4	1.15	Ⅰ类	16♯桥2-4	1.15	Ⅰ类
4♯桥0-5	1.22	Ⅰ类	16♯桥2-5	1.25	Ⅰ类
4♯桥0-6	1.20	Ⅰ类	16♯桥2-6	1.20	Ⅰ类
4♯桥1-1	1.19	Ⅰ类	16♯桥2-7	1.11	Ⅰ类
4♯桥1-2	1.18	Ⅰ类	16♯桥2-8	1.10	Ⅰ类
4♯桥1-3	1.15	Ⅰ类	16♯桥2-9	1.15	Ⅰ类
4♯桥1-4	1.16	Ⅰ类	16♯桥2-10	1.17	Ⅰ类
4♯桥1-5	1.25	Ⅰ类	16♯桥3-1	1.15	Ⅰ类
4♯桥1-6	1.18	Ⅰ类	16♯桥3-2	1.19	Ⅰ类
/	/	/	16♯桥3-3	1.21	Ⅰ类
/	/	/	16♯桥3-4	1.18	Ⅱ类
/	/	/	16♯桥3-5	1.19	Ⅰ类

采用"淤泥土"造浆在技术、经济、适用性方面均可行,实际施工后效果亦满足设计要求,且淤泥土储量丰富,易于挖掘,后期桩体施工时,塌孔现象基本未出现,因而在深厚淤泥质软土下淤泥土可作为造浆材料,为今后在相似条件下的施工提供部分参考。

3.6 小桩径、深桩基的施工处理技术

3.6.1 施工工艺

（1）场地平整

本工程所在区域河流纵横交错,设置桥梁的主要目的是确保交通和保证各区域通航需求,因而灌注桩的施工位置均处于河道边缘,土体湿软,同时由于工程区域土层大部分为淤泥质土,钻孔施工平台的稳固性直接影响钻孔的孔斜度。

场地铺设 50 cm 厚硬质材料(如塘渣、碎石),使用液压反铲反复碾压,使地基具备较高的承载力。碾压完成后进行场地平整,使钻机处于一个平面内,确保钻机平稳、竖直,保证孔斜度。另在行走、承重区域铺设一层 8 mm 厚钢板,分散受力。

（2）测定孔位、埋设护筒

使用 GPS 测量仪器初定孔位,埋设护筒,护筒直径大于桩体直径 10~15 cm,埋设深度为 1.5~2.5 m。当桩顶高程位于流动土层或易变形土层时,宜将护筒埋设超过流动土

层 2～2.5 m。护筒埋设完成后,用全站仪进行桩位中心复核,保证桩位中心偏差满足设计、规范要求。

(3) 泥浆制备

本工程土质为黏土、淤泥土,是很好的泥浆护壁造浆材料,将淤泥土收集进行造浆,按试验比例进行调配,使用泥浆检测设备随时进行检测,将泥浆浓度控制在合理范围内,最终泥浆比重在 1.2～1.35 之间。

(4) 钻孔

为保证钻孔孔位不偏、不弯、不发生倾斜,钻孔时应轻压、慢钻,钻孔过程中随时调校钻杆垂直度。钻孔深度为设计深度加锥形钻头长度的一半。针对淤泥质土层,钻头直径较孔直径小 2～4 cm。钻孔完成后拆管时进行终扩孔。"扩孔"的主要目的是将因应力释放后变形土体清除,保证土体处于稳定状态,浇筑期间桩孔不缩径。

(5) 清孔

终孔后,将钻头缓慢放入离孔底 30 cm 处,采用泥浆循环法清孔,待返出泥浆的含砂量≤2%、泥浆相对密度≤1.15 时,第一次清孔完毕。

(6) 下放钢筋笼

钢筋笼分节制作,并提前埋好保护垫块,钢筋接头须满足设计要求。钢筋笼采用 25 t 汽车吊配平板车吊运,循环钻机自身机架起吊下放。吊放钢筋笼时,确保骨架垂直并缓慢下放,控制好钢筋笼顶标高,用 4 根吊筋固定在正确的标高位置上,保证钢筋骨架不下沉、不上浮。

(7) 安放导管、二次清孔

导管直径 30 cm,每节长度为 3.0 m。导管下端孔口离孔底 50 cm 左右。导管接头处涂抹黄油密封,保证不漏水、不漏气。导管下放完毕,进行二次清孔,清孔后保证孔底沉渣厚度符合设计要求,泥浆比重为 1.15～1.20。

(8) 灌注混凝土

小桩径灌注桩混凝土方量少,灌注混凝土时应做到勤量孔深、勤拆导管,确保导管在混凝土里的埋深为 6 m 左右,避免埋管和堵管的情况发生。同时避免浇筑时桩孔位受力集中,将混凝土罐车及其他重型设备行走区域铺设一层 8 mm 厚以上的钢板,分散重力,避免造成局部受压变形导致孔位严重缩径。

3.6.2 控制指标

灌注桩作为桥梁的受力结构部分,其质量控制得不好,将给桥梁及整个工程的运行埋下较大的质量、安全隐患,因此在施工中必须从每个环节严格控制,特别是在成孔质量、钢筋混凝土原材料、钢筋笼制作安装、混凝土拌制及灌注质量等多方面进行控制。同时,成桩后严格按设计、规范要求进行质量检查,确保工程运行期处于质量、安全可靠状态。施工中所需控制指标如下：

（1）场地土质为淤泥、淤泥质黏土，钻孔过程中易塌孔、缩径，应适时调整泥浆比重，保证泥浆护壁效果，确保成孔质量，尽量保证不塌孔、扩孔，防止超灌。

（2）严格控制孔底沉渣厚度，降低混凝土灌注时泥浆浓度，确保单桩承载力符合设计要求。

（3）原材料质量，特别是钢筋、混凝土质量要有保障。尽量采用商品混凝土灌注，桩基施工时保证足够的初灌量，保证不断桩，确保桩身质量。

（4）施工过程中将产生大量泥浆，多余泥浆应及时用泥浆清运车运至泥浆处理处，不得随意排放，以免造成附近河道污染、淤塞，同时避免对工程区域周边农地造成破坏。

3.7　深厚淤泥质软土下沉井封底施工技术

滨海相沉积软土环境下沉井施工难度较大，突出问题为井内存在持续上涌淤泥土致使沉井封底无法进行，而沉井的封底质量将影响整个沉井的施工质量，因此沉井封底是沉井施工的重点和难点。通过对沉井施工制作、下沉、封底等技术的研究，总结出一套适用于软土地基的沉井施工技术。通过研究和参观同类型软基沉井施工工艺，并在施工中采用不同的封底方法进行生产性试验，通过对不同施工方法的实施效果的记录和对比，分析其优缺点，在工程施工中根据试验效果改进施工技术以更有效地控制施工质量。

3.7.1　技术方案

根据万松东路工程的淤泥质软土地基特点，结合现场施工情况对沉井封底施工技术进行研究。

（1）沉井封底施工

按照质量要求在沉井制作分节下沉就位后，可进行封底施工。通常情况下，沉井采用干封底。设计干封底通过液压反铲清除井室底部至刃脚底后分别回填 45 cm 厚统渣、45 cm 厚手脚片石。回填完成后，通过 10 cm 厚 C15 混凝土找平继而施作底板。

但在施工过程中，W′110 号沉井在第二节下沉后发生了淤泥上涌现象，该井为 Φ3 000 mm 的圆井，井深 10.2 m（池壁高度 8.7 m）。在第二节下沉施工完成后静待下沉时，第 2 天发生淤泥上涌现象，在上涌 4 小时后，淤泥涌出井口并向井外漫流。发现上涌后首先采用液压反铲进行上部淤泥清除，下部采用人工进行清理。但是在清理过程中仍发生淤泥上涌情况，且沉井一直处于持续下沉状态。由于淤泥的持续上涌和沉井的持续下沉导致无法进行干封底施工。

图 3-8　沉井淤泥上涌

（2）封底方案比选

为克服上涌淤泥土对沉井封底的影响，该工程比选了以下方案：

固化软土地基：沉井井室内软基的加固措施主要为注浆加固，通过向淤泥土内注入高压水泥浆，加固淤泥质土体，以达到阻止淤泥土上涌的目的。注浆加固后需等待强度增长、清除顶部浮浆后开始后续施工。

基坑围护法：沉井周边施工围护桩可有效阻止淤泥质土体上涌。基坑围护主要通过在井室外壁打入钢板桩、槽钢等桩体，使桩体超过刃脚一定深度，形成可靠帷幕减小周边土压力，从而阻止井室内土体上涌。

湿封底施工：沉井湿封底利用水的自重压力，蓄水反压淤泥后，通过蛙人潜水进入井室内进行基底清理，具备浇筑条件后搭设浇筑平台，通过导管进行水下混凝土浇筑，浇筑完成后清除底板顶部浮浆。

通过对比，固化软土地基在淤泥质软土地质条件中的沉井施工中成本较高，工期较长。基坑围护因围护桩较长，施工难度大，成本高，且对井身周边土体扰动过大，易造成沉井持续下沉亦不宜采用。传统湿封底作业的危险性较高，通过导管浇筑下沉后的混凝土易被淤泥污染而无法产生强度，可靠性较低。

（3）封底技术方案的设计

由沉井封底的原理、施工工艺，结合不同封底方案的优缺点进行分析和总结，初步选择对湿封底水下混凝土浇筑工艺进行优化和改良以达到成功封底目的。

因工程施工中由于淤泥上涌造成无法封底，因此在方案设计时采取"湿式加隔离底模方式"，即在井底淤泥表面增隔离模板，利用隔离模抵抗泵送冲击，将淤泥与混凝土分隔，避免混凝土与淤泥浆混合封底的浇筑技术。在封底时采用隔离技术将淤泥进行隔离，使之无法影响混凝土浇筑施工。浇筑完成后隔离层与封底素混凝土组合形成封底结构抵抗淤泥，既增强了设计封底强度又保证了工程质量。此方案与传统的湿封底方案对比,将人工潜入井内清淤和搭设平台进行水下导管浇筑改进为采用隔离钢架模板分隔淤泥层,既阻止了淤泥混合混凝土又抵抗泵送压力,同时避免了深井下的人工水下作业,保证了施工人员的安全。

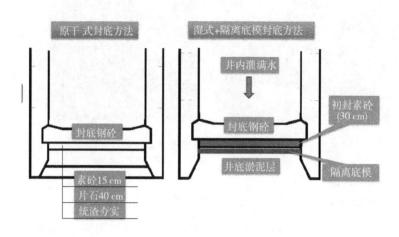

图 3-9 沉井封底方案对比图

（4）封底技术方案的实施

在方案设计完成经过论证后,施工方案首先在发生淤泥上涌的 W′110 污水井进行实施。

井室蓄满水后,长臂反铲将井室内淤泥清理至计算高程,开挖全程在蓄满水的状态下进行,随时注水。开挖完成后采用钢架为底模,用以抵抗泵送混凝土的冲击,同时避免由混凝土与沉井底部淤泥混合后而导致的强度整体性变差。封底水下浇筑混凝土可采取导管浇筑或汽车泵浇筑,本工程中采用了汽车泵浇筑。

混凝土浇筑前,在泵管上标示控制线,使得泵管口距离底模 15~20 cm。混凝土入仓后通过测绳或其它测量设备控制浇筑情况,确保井室内混凝土具有足够的厚度。混凝土浇筑过程中勿随意挪动泵管,防止泵管口脱离混凝土导致封底失败。

W′110 污水井采用此封底技术,沉井底板浇筑质量得到了有效保障,与沉井井身形成了统一可靠的整体。在后期沉井施工中,对于存在淤泥上涌情况而无法实现干封底施工的均采用了此封底技术,封底效果良好,整体施工质量满足要求。

3.7.2　施工工艺

沉井施工流程:地基处理→第一节沉井制作与下沉→第 n 节沉井制作与下沉→沉井封底→顶板施作。

（1）地基处理

在沉井制作前,做好作业面周边的截排水工作,保证沉井工作面不受流水影响。沉井施工时,首先开挖基坑 1 m 后回填中粗砂,中粗砂垫层承载力须不小于 120 kPa,垫层在基坑内须铺满。沉井第一节制作时刃脚下浇筑 200 mm 厚 C20 素混凝土垫层,以增强地基承载力并稳定井身。

（2）第一节沉井制作与下沉

第一节沉井包含刃脚段与井身段,模板对拉采用止水螺栓。刃脚段制作时,后浇底板凹槽处安装预埋钢筋。井身段制作时,施工缝处设置钢板止水带。对后浇底板凹槽处及施工缝混凝土连接面作凿毛处理。

混凝土强度达到 100% 后开始下沉,下沉采用 18 m 长臂液压反铲开挖井室中部。开挖过程中严格控制开挖位置与开挖量,确保沉井均匀下沉。产生不均匀沉降时,利用长臂反铲对称开挖土体和液压臂顶进措施纠偏,将井内开挖出的土体立即运出。

图 3-10　沉井第一节制作和下沉施工

（3）第 n 节沉井制作与下沉

第 n 节沉井为井身段。制作前检验上一节沉井的稳定情况,必要时向井室内回填土体,确保其稳定后进行下一节沉井的制作。

下沉时参照第一节沉井下沉方式进行,当下沉出现超沉时,采用钢架等措施阻沉。

图 3-11　沉井第 n 节制作和下沉施工

（4）沉井封底

沉井第 n 节下沉就位后，通过沉降观测 8 h 累计下沉量小于 10 mm 后，可进行封底施工。通常情况下，沉井采用干封底。

（5）顶板施作

沉井封底成功后，根据设计要求，进行沉井顶板的施作。

3.8 小结

（1）通过预应力管桩桩体垂直度快速检测设备的应用，提高了预应力管桩垂直度控制精度，有效地提高了工程质量。

（2）通过在预应力管桩施工中采用快速连接装置和连接专用端板，替代了传统的焊接施工工艺，快速连接装置和专用端板施工速度快、接头质量好，有效地提高了工作效率和施工进度。

（3）淤泥滩涂地质混凝土灌注桩经常采用的钻孔方式有：冲击钻机钻孔、回旋钻机钻孔、旋挖钻机钻孔三种，综合考虑地基承载力和土质等的影响，本工程选用回旋成孔技术。

（4）本工程灌注桩施工中通过采用"淤泥土"造浆代替高膨润性黏土造浆，既利用了原土资源又降低了工程成本，实施后灌注桩质量效果亦满足设计要求。

（5）沉井井室内底部涌土是淤泥质软土地基下沉井施工中时常遇到的问题。传统的固化软土地基、基坑围护和传统湿封底持续时间长、成本较大且安全性较差。施工中采用沉井隔离底模湿式封底技术，很好地解决了淤泥土上涌的问题并顺利完成了沉井施工。

第四章
水泥搅拌桩快速检测方法的研发

4.1 引言

目前,水泥搅拌桩的检测方法有很多,但都有着各自的优点和缺点。常规方法主要有挖桩检查、轻型动力触探、荷载试验、钻芯取样和标准贯入试验,均是施工完成后水泥强度达到一定程度时再对其质量进行检查,且其检测时间较长,即使发现问题也为时已晚,无法满足工程及时反馈、控制施工质量等要求。因此,研究一种能及时有效地检测成桩质量的设备或方法将是本章的重点。

针对以上问题,本项目研究了一种水泥搅拌桩的质量快速检测方法,在桩体成型前发现问题,并针对出现的问题提出解决方案,进而保证成桩后的桩体质量。水泥搅拌桩的桩体质量控制主要是控制水泥含量,桩体的快速检测是将一种电学示踪剂加入到水泥浆体中,通过示踪剂检测桩体的水泥含量,进而控制桩体的质量。

因此,本项目开展理论分析、单元试验和模型试验,研究介电常数。根据测定水泥土中水泥含量即测定水泥土中游离离子含量的原理,研究水泥土中离子与土相互作用后的变化规律,提出游离离子含量随时间变化的规律和影响因素。用理论分析和试验研究相结合的方法,提出基于介电常数的搅拌桩水泥含量测定方法,使其能够应用于水泥搅拌桩的水泥含量测定,同时能够克服土类、成桩时间等因素对测试结果的影响。通过理论模型以及室内模型试验验证检测方法的理论可行性,并研发一种简易设备。

4.2 水泥搅拌桩的电学模型研究

4.2.1 基本假定

(一)水泥浆体在外加电场中的电感应特性

研究发现施加电场于插在水泥浆体中的金属电极,并使之达到稳定状态后,再去掉电场将电池短接时,表现出流过电池的电流变化规律曲线与电容器的充放电曲线非常相似。这表明水泥浆体在外电场的作用下,除离子迁移而产生通导电流外,还存在着很大的极化效应或极化电流。所谓极化效应是指电场中的介质沿电场方向产生电偶极矩,在电介质表面产生束缚电荷的现象。

(二)水泥浆体介电常数变化规律

介电常数又称电容率或相对电容率,表征电介质或绝缘材料电性能的一个重要数据,常用 ε 表示。它是指在同一电容器中用同一物质为电介质和真空时的电容的比值,表示电介质在电场中贮存静电能的相对能力。空气和 CS_2 的 ε 值分别为 1.0006 和 2.6 左右,而水的 ε 值较大,10℃时为 83.83。

介电常数首先经历快速增长区,即从水泥加水至 t_1 的一段时间,这段时间持续不长,一般在 10 min 左右。此间,由于颗粒表面迅速吸附水分子,在极性水分子的作用下,颗粒表面发生剧烈水解,各种离子很快析出。液相中单位体积内带电离子数目迅速增加,很快形成各种界面双电层结构,因而前述的各种宏观极化十分显著,对介电常数的贡献很大,表现为介电常数的快速增长。

其次,介电常数缓慢增加,即从 $t_1 \sim t_2$ 的一段时间。此间液相离子浓度缓慢增长到过饱和,但水化并未停止。这一阶段实际上是离子溶解与成核析晶相互竞争的动态发展过程,由于还没有达到析晶,溶出过程占据一定的优势,故宏观极化效应有所加强,表现为介电常数的缓慢增长。

随后,介电常数明显下降,即从 $t_2 \sim t_3$ 的一段时间,t_2 是一个介电常数从升到降的转变点,与 $Ca(OH)_2$ 的首次析晶相对应。这一阶段的持续时间并不很长,约 1 h 左右。由于具有极性基团、高比表面积的新相析出,体系中离子浓度突然降低,自由水迅速转化为结构化的薄膜状态,各种胶粒的电结构可以认为是双电层与偶极结构的叠加,新相表面具有带不饱和离子势的极性基团,其吸附的介质(H_2O,OH^-)偶极子的定向作用使薄膜水具有有序结构。这些结构的有序化又引起靠近表面的水层极化,这种极化传递到毛细空间"自由水"深处,使孔隙中的水和离子成为束缚"团化"状态,致使孔隙及界面胶团极化变得困难,离子的位移跟不上电场的变化,因而引起介电常数的显著下降。这一阶段由于 $Ca(OH)_2$ 的首次析晶及颗粒表面少量 CSH 的生长而使颗粒进入紧缩状态,为浆体结构的形成打下基础,是凝结硬化的必要环节。

最后,介电常数进入缓慢下降,即从 t_3 到 t_4 的一段时间,这一阶段持续时间较长,约 3 小时左右。此时,水化反应进入扩散控制阶段,X 射线衍射分析表明,此阶段尚无足够的水化产物,还达不到颗粒的搭接与连生。扫描电镜观察进一步证实了这一点。从电镜照片上可以看到颗粒为一层水化物所包围,但彼此处于分隔的状态。此时,液相逐渐向颗粒内部扩散,颗粒表面离子层中的离子自由度逐渐减小,表现为介电常数的缓慢下降。孔隙中自由水已被大量消耗,孔隙溶液的极化迅速减弱。颗粒间的薄膜水随反应的进行而变薄,使粒子间的作用力由范德华力、静电力及内聚接触转变为具有化学键性质的结晶接触。此时的 X 射线衍射分析表明,已有大量的水化产物形成。扫描电镜观察亦发现,尽管颗粒间并未完全充实,但水化产物确已彼此交叉连生在一起消失,表现为介电常数的迅速下降。t_4 可以认为是硬化浆体结构开始形成的转变点。

为了便于搅拌桩的施工管理,搅拌桩的质量控制应设计在 $t_1 \sim t_3$ 时间段内,即水泥初凝之前。

4.2.2 电学模型

(1) 电磁波理论和介电常数模型

电磁波技术检测的基本原理为:电磁波在工程结构中传播时会在介质的介电特性突变处产生反射和透射,分析反射回来的回波信号,推求介质的介电常数、电导率等参数,然后利用这些参数推断结构层介质的性质、状态和位置等特征。因此,要研究某种介质的介电特性,也须从研究该介质在电磁场中的反应和麦克斯韦方程入手。

设水泥搅拌桩是由土体、水和水泥(水泥净浆)、空气等几种不同物质均匀地掺杂而成的混合物,具有各向同性,其介电特性用等效介电常数占混表示,研究水泥搅拌桩内部小区域内的平均电场,由麦克斯韦方程可得:

$$\langle \vec{D} \rangle = \varepsilon_{混} \langle E \rangle \tag{4-1}$$

式中, $\vec{D}$ 为电位移矢量, E 为电场强度,符号$\langle\rangle$表示求平均值,采用国际单位制,电场强度可表示为:

$$E = \langle E \rangle + \delta E \tag{4-2}$$

式中, δE 为介质中各点电场强度的变化量。同理,介电常数 ε 也可表示为:

$$\varepsilon_{混} = \langle \varepsilon \rangle + \delta \varepsilon \tag{4-3}$$

由此可得:

$$\langle \vec{D} \rangle = \langle (\langle \varepsilon \rangle + \delta \varepsilon)(\langle E \rangle + \delta E) \rangle \tag{4-4}$$

又因为:

$$\nabla E = -E \nabla \varepsilon / \varepsilon \tag{4-5}$$

得:

$$\nabla \delta E = -E \ln \varepsilon \tag{4-6}$$

两端求梯度得:

$$\nabla^2 \delta E = (\langle E \rangle \cdot \nabla) \nabla \ln \varepsilon \tag{4-7}$$

整理得:

$$\langle \delta \varepsilon \delta E \rangle = \langle E \rangle \langle \delta \varepsilon \ln \varepsilon \rangle \tag{4-8}$$

代入式(4-4)得:

$$\langle \vec{D} \rangle = [\langle \varepsilon \rangle - \langle \delta \varepsilon \ln \varepsilon \rangle / 3)] \langle E \rangle \tag{4-9}$$

与公式(4-1)比较,有:

$$\varepsilon_{混} = \langle \varepsilon \rangle \cdot \frac{1}{3} \langle \delta \varepsilon \ln \varepsilon \rangle \tag{4-10}$$

式(4-10)则是引入应用于水泥搅拌桩的新介电常数模型。

(2)理论模型验证

为验证式(4-10)所表达的混合物介电常数模型对于水泥搅拌桩浆液的适用性和计算精度,同时也为了详细了解水泥搅拌桩的介电特性与哪些因素有关,本项目对不同强度等级和不同水灰比的水泥搅拌桩进行了介电特性方面的试验,具体试验方案、结果和相关分析见下文。

由于水泥混合料硬化成型后,其内部结构较为复杂,水和水泥产生化学反应形成了新的物质。因此,为确保测量数据的合理性和精确度,本项目将水和水泥形成的水泥净浆作为混合料的其中一相介质,所以在对水泥混合料介电特性进行试验研究的同时也需对水泥净浆介电常数进行同步实测分析。

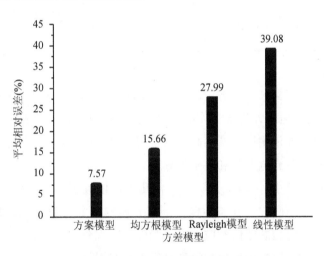

图 4-1　不同介电常数模型的误差

图 4-1 给出模型验证的结果。可见,式(4-10)所示的介电常数模型的计算精度高于线性、均方根和 Rayleigh 模型,说明该公式对于描述水泥搅拌桩介电性能是行之有效的,且均方根模型的精度较线性模型和 Rayleigh 模型高,以上四种模型中线性模型计算精度最差,原因是水泥搅拌桩已不再满足该公式的适用条件:混合介质粒径远小于波长($d \ll A$)。此外,水泥搅拌桩的介电常数受水泥净浆和土体的影响较大,主要是因为水泥净浆的介电常数和骨料体积率较大的缘故。

4.3 示踪剂的电法测试单元试验

4.3.1 试验方案

(1) 研究方案

本项目的研究方案见表4-1。首先,研究不同体积含水量条件下水泥土混合浆液的介电常数变化规律,土体的体积含水量范围为0~100%,不加电学示踪剂。外电压加载的测试频率为1、100和1 000 MHz。其次,研究铁粉、碳粉和尾矿粉作为电学示踪剂的介电常数变化,确定最佳示踪剂。最后,研究最佳示踪剂含量对介电常数的影响,示踪剂的取值范围为0~18%,明确最佳示踪剂的含量。

表4-1 水泥土介电常数的研究方案

序号	影响因素	取值范围
1	体积含水量	0~100%
2	示踪剂种类	铁粉、碳粉和尾矿粉
3	示踪剂含量	0~18%

(2) 测量仪器

采用频域反射型仪器(FDR)测量水泥土的介电常数,它的测量原理是插入电子元件中的电极与电子元件(电子元件被当作电介质)之间形成电容,并与高频震荡器形成1个回路。通过特殊设计的传输探针产生高频信号,传输线探针的阻抗随电子元件阻抗变化而变化。阻抗包括表观介电常数和离子传导率。应用扫频技术,选用合适的电信号频率使离子传导率的影响最小,传输探针阻抗变化几乎仅依赖于电子元件介电常数的变化。这些变化产生1个电压驻波。驻波随探针周围介质的介电常数变化增加或减小由晶体振荡器产生的电压。电压的差值对应于电子元件的表观介电常数。

测量介电常数的传感器采用单片机和计算机通信技术,即传感器将LC振荡器的振荡频率信号输出至探测器,探测器根据建立的SF模型,分别计算出探针之间的介电常数。把这些数据发送给采集器,并通过R232与探测器通信。

(3) 材料特性

试验中采用的普通硅酸盐水泥,是由硅酸盐水泥熟料、5%~20%的混合材料及适量石膏磨细制成的水硬性胶凝材料,具有强度高、水化热大,抗冻性好、干缩小、耐磨性较好、抗碳化性较好、耐腐蚀性差、不耐高温等特性。其化学成分和含量如表4-2所示。

表 4-2　普通硅酸盐水泥成分

组成矿物名称	化学分子式	缩写	含量(%)	
硅酸三钙	$3CaO \cdot SiO_2$	C_3S	37～60	75～82
硅酸二钙	$2CaO \cdot SiO_2$	C_2S	15～37	
铝酸三钙	$3CaO \cdot Al_2O_3$	C_3A	7～15	18～25
铁铝酸四钙	$4CaO \cdot Al_2O_3 \cdot Fe_2O_3$	C_4AF	10～18	

4.3.2 体积含水量的影响

土体的介电常数受含水量的影响较大,即使水泥含量不变,含水量变化也会对介电常数产生影响。如果不考虑含水量的影响,测量水泥土中水泥含量时将产生较大误差。因此,通过研究含水量的影响并消除其对介电常数的影响,可提高测量水泥含量的准确性。图 4-2 给出了水泥土的介电常数随着体积含水量的变化规律。在 1 MHz、100 MHz、1 000 MHz 时,水泥土的介电常数几乎与含水量的大小成正比,直线的截距为干燥水泥的介电常数。水泥土是一种多相的电介质,在各相中各种极化机理都会产生。当外电场通过水泥时,除了水泥中的水化产物、水及未反应的水泥颗粒等产生电子、离子和偶极子极化外,还可有激活载流子,如自由电子、离子、空位等运动。当载流子遇到电导率较低的其他相,如气孔时,可以减慢电荷通过材料的运动,导致电荷在界面上堆积,形成空间电荷。这种界面极化在宏观上使介电常数增加。在低频时,这种界面极化能跟上电场的改变,这是在低频时,水泥土有较高介电常数的原因。当频率升高时,电荷的位移滞后于电磁场方向的改变,使介电常数下降。在 1 MHz～1 GHz 频段中,偶极子极化

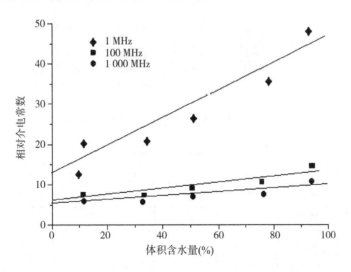

图 4-2　水泥土的体积含水量和介电常数的关系图

因频率的升高而逐步减弱,介电常数随频率的上升而下降。比较具有不同含水量的试样的介电常数随频率升高而下降的情况可以发现:含水量增大时,介电常数也增大;低频和高频时的介电常数之差也较大。含水量为93%的试样,在1MHz时介电常数为48.2;在1 000 MHz时,下降到10.2左右;而含水量为0%的试样,在1 MHz～1 000 MHz这样宽广的频率范围内,介电常数几乎不变,为8.2和5.5。这说明潮湿水泥土的介电常数的变化主要来源于水份的作用,而水份对极化的贡献主要在低频段,这说明水份主要生成一些较大的离子和离子团。

4.3.3 示踪剂种类的影响

表4-3和图4-3给出了加入不同示踪剂条件下水泥土的介电常数变化规律。原水泥土的体积含水量为10%,测量过程中使用的频率为100 MHz,测量的介电常数为12.4。当加入6%示踪剂后,混合物的介电常数明显上升。铁粉、碳粉和尾矿粉影响下的介电常数分别增加至38.1、37.4和41.1。可见,三种电学示踪剂效果相近。电学示踪剂的影响受材料种类影响较小。值得注意的是,对于铁粉和碳粉来说,尾矿粉的经济性较好,表4-3同时给出了加入不同掺量示踪剂条件下水泥土的介电常数变化规律。

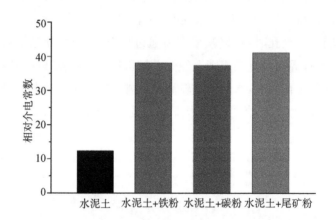

图4-3 不同示踪剂的介电常数影响图(掺量6%)

表4-3 不同示踪剂不同参量的介电常数表

序号	水泥土	示踪剂种类	示踪剂参量2%	示踪剂参量4%	示踪剂参量6%	示踪剂参量8%	示踪剂参量10%	示踪剂参量12%
1		铁粉	33	36.7	38.1	43.3	44.5	48.1
2	12.4	碳粉	30.3	34	37.4	41.5	43.7	45.6
3		尾矿粉	34.2	37.4	41.1	46.1	48.2	50.2

表 4-4　尾矿粉示踪剂含量与介电常数关系表

含量(%)	0.0	0.5	1.0	1.5	2.7	3.8	4.8	5.4	6.5	7.8	8.2	9.1	10.0	10.8	11.2	12.4
实测	12.4	16.4	11.5	30.4	36.5	37.4	38.0	41.6	32.0	51.9	46.9	39.0	48.2	55.9	48.9	50.2
拟合值	10.0	12.6	15.6	18.3	24.2	29.5	33.6	36.0	40.3	44.6	46.4	48.6	50.9	53.0	53.7	56.0

4.3.4　示踪剂含量的影响

图 4-4 给出了尾矿粉作为示踪剂时的介电常数变化规律。可以看出,介电常数随着尾矿粉掺量的增大而不断增大,呈非线性变化。当示踪剂含量较低时(0~2%),混合物的介电常数在 5~20 之间变化。随着掺量的进一步增加,介电常数增加速度明显增强。当示踪剂的掺量达到 4%~8% 时,混合物的介电常数范围为 20~40。随后,示踪剂对介电常数的影响减弱。当示踪剂的掺量达到 16% 时,混合物的介电常数约为 50。考虑到示踪剂对搅拌桩浆液的影响及示踪效果,建议示踪剂的取值范围为 4%~8%。

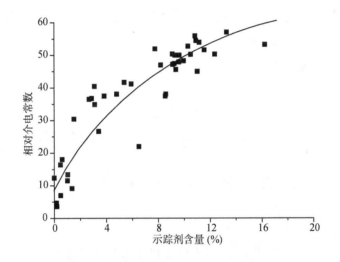

图 4-4　示踪剂含量和介电常数的关系图

由图 4-4 示踪剂含量 $x(\%)$ 和介电常数 ε 之间的关系可以得到方程:

$$\varepsilon = -0.16x^2 + 5.7x + 10 \tag{4-11}$$

由此可以得到示踪剂含量同介电常数间的定量关系,可进一步推出水泥含量与介电常数间的关系。

4.4 加入示踪剂的水泥搅拌桩电法测试的室内模型试验

4.4.1 试验方案

项目涉及的室内模型试验的研究方案见表4-5。首先在模型槽中开展纯土试验，土体特性和前试验所用土体一致。开展试验，获取纯土的介电常数随深度的变化规律。为了对比示踪剂的显示效果，对原有纯土的顶部0.3 m厚进行水泥加示踪剂的拌合，再一次开展试验，获取拌合后土体的介电常数随深度的变化规律。对比两次试验结果，研究采用示踪剂快速测量水泥搅拌桩含量的可行性。

表4-5 室内模型试验的研究方案

序号	工况
1	纯土
2	顶部0.3 m水泥＋示踪剂加固，其他深度无处理

室内模型试验按以下步骤进行：

（1）首先对土体进行晒干，并配置含水量。按最大干密度（1.67 g/cm³）在模型箱内进行压实。

（2）打开设备，测量不同深度的土体介电常数。

（3）对上部0.3 m厚土体掺入20％的水泥浆和5％的电学示踪剂，开启搅拌设备，直至搅拌均匀。

（4）打开设备，再一次测量不同深度的土体介电常数。

4.4.2 装置构造

室内模型设备主要包括模型箱、贯入设备和介电常数测量设备。其中贯入设备采用的是步进电机加载系统，设计的贯入力最大为10 kN，贯入速度为0.5 cm/s。步进电机加载系统包括步进电机、滚珠丝杆等。滚珠丝杆的结构传统采用内循环结构（圆形反向器）。参见图4-5。

滚珠丝杆的优势：

驱动力矩小：滚珠丝杆的丝杆轴与丝母之间有很多滚珠在做滚动运动，所以能得到较高的运动效率。

精度高：滚珠丝杆是用世界最高水平的机械设备连贯生产出来的，特别是在研削、组装、检查各工序的工厂环境方面，对温度、湿度进行了严格的控制，由于完善的品质管理体制使精度得以充分保证。

微进给精确:滚珠丝杆由于是利用滚珠运动,所以启动力矩极小,不会出现滑动运动那样的爬行现象,能保证实现精确的微进给。

无侧隙、刚性高:滚珠丝杆可以加予压力,由于加予压力可使轴向间隙达到负值,进而得到较高的刚性(滚珠丝杆内通过给滚珠加予压力,在实际用于机械装置等时,由于滚珠的斥力可使丝母部的刚性增强)。

在贯入设备贯入杆顶部安装一部介电常数实时测量设备,探针朝向土体。在贯入设备不断压进土体的过程中,可测量不同深度土体的介电常数,进而评价不同深度处水泥的加固效果。

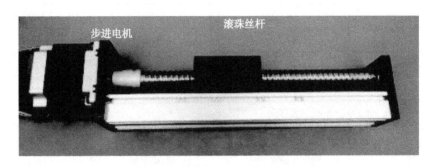

图 4-5 贯入设备中的步进电机和滚珠丝杆

4.4.3 试验结果

记录和整理试验数据,绘制介电常数的变化值曲线。表 4-6 和图 4-6 给出了模型试验中有无水泥混合处理的模型箱内土体介电常数沿深度变化分布规律,图中粗线表示未加水泥时土体的介电常数变化。纯土的介电常数分布在 2~12 之间。这是由于土体自身介电常数的影响。由于贯入过程中受到土体阻力作用,致使介电常数存在小幅振荡。图中细线表示通过水泥浆和示踪剂处理后的混合物新鲜浆体的介电常数变化。在靠近顶部的 0.3 m 范围内,混合物的介电常数明显增加,波动范围在 10~22 之间。这说明在 0.3 m 范围内水泥搅拌情况良好,符合工程要求。而对于 0.3 m 以下部位,混合物的介电常数和纯土的一致,变化较小,说明 0.3 m 以下部分水泥含量较低。两次试验中,0.3 m 以下部分介电常数吻合较好,说明了介电常数相对稳定,可作为水泥含量分析的一个关键参考参数。

表 4-6 处理前后水泥土的介电常数对比

序号	深度(m)	相对介电常数	
		处理前	处理后
1	0.05	3.398 2	16.141 6

序号	深度（m）	相对介电常数	
		处理前	处理后
2	0.10	1.858 4	15.663 7
3	0.15	2.973 4	15.026 5
4	0.25	3.557 5	6.584 1
5	0.30	3.504 4	9.876 1
6	0.35	4.035 4	3.079 7
7	0.40	5.044 2	4.079 7
8	0.50	4.884 9	4.132 7
9	0.55	5.256 6	6.274 3
10	0.60	5.044 2	4.929 2
11	0.65	4.619 5	3.654 9
12	0.75	4.407 1	3.716 8
13	0.80	11.097 3	10.389 4
14	0.85	12.212 4	12.442 5

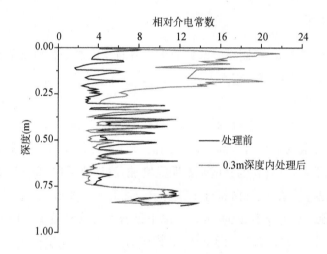

图 4-6　处理后水泥土的介电常数变化特性

　　图 4-7 给出水泥搅拌处理后介电常数的增长值随深度变化的曲线。在 0～0.3 m 深处相对介电常数变化值在 5 以上，而在 0.3 m 以下相对介电常数变化较小。

　　根据式 4-11 和相对介电常数的变化值（图 4-7），可以推算出水泥含量沿深度的变化规律，如图 4-8 所示。在 0～0.2 m 处，土体的水泥含量约为 8%，符合水泥土搅拌桩施工工艺标准（QB—CNCEC J010112—2004）要求。而在 0.2～0.4 m 处，水泥含量介于 0～7%

之间,呈过渡状态。而在0.4 m以下,水泥含量接近于0。可见,此测量结果与试验条件相符合,说明本项目研发的快速检验设备测量水泥含量准确性较好。

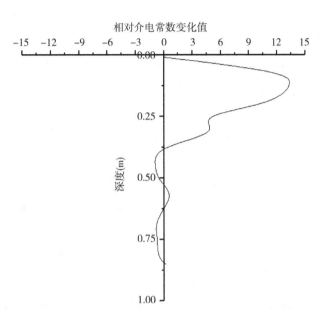

图4-7　处理后水泥土的介电常数变化值曲线

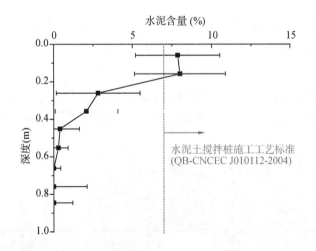

图4-8　室内试验水泥含量分布规律

4.5　水泥搅拌桩电法测试的现场试验

4.5.1　试验方案

基于室内试验结果,将水泥搅拌桩电法测试法扩展到现场试验。试验桩桩长为 7 m,桩径为 ϕ500 mm,试验中尾矿粉示踪剂掺量为 8%,采用四搅二喷工艺施工。

现场检测步骤为:

(1) 在水泥搅拌设备中,加入掺量为 8% 的尾矿粉示踪剂。

(2) 打设水泥搅拌桩后,移位改造后的静压设备至新打设的水泥搅拌桩桩位上。

(3) 静压介电常数测试仪,测量介电常数随深度的变化。

(4) 通过标定公式(式 4-11)反算水泥含量随深度的变化,与规范值和设计值比较,确定水泥搅拌桩成桩质量。

(5) 如质量不满足要求,需移位水泥搅拌桩打设设备,重新打设。

(6) 重新检测,直至满足规范值或设计值。

根据读取设备显示出来的数值,判断浆体搅拌质量。如果搅拌均匀,土中水泥以及示踪剂分布连续均匀;如果不均匀,水泥和示踪剂可能存在部分地方缺失,说明水泥搅拌桩质量没有达到要求。

4.5.2　装置构造

对于现场快速检测设备,考虑到现场条件的复杂性和仪器的简易性,对静压设备进行改造。改造设备包含钻机、钻杆、介电常数测试仪和读取设备。介电常数测试仪的电缆线通过钻杆内部的贯通孔连接到读取设备,并固定在钻杆上,处于最底部。

在打设水泥搅拌桩时,泵送混有水泥和示踪剂的混合物进入土体中。通过静压设备将钻杆和介电常数测试仪压入新打设的搅拌桩中,浆体搅拌质量通过钻杆底部的介电常数测试仪进行检测。

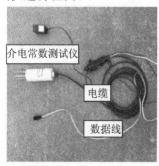

图 4-9　介电常数测试设备结构

4.5.3 试验结果

图 4-10 给出了现场搅拌桩快速检测的结果。通过在现场进行试验,结果表明在设计深度 7 m 以内,其相对介电常数较大,说明搅拌桩的成桩质量较好;而在 7 m 以下,搅拌桩的相对介电常数较小,说明水泥的含量较低。

由图 4-10 现场搅拌桩相对介电常数-深度曲线,可以推出水泥含量与深度间的关系如图 4-11 所示。可以看出在 7 m 深度以内,其水泥含量在 10% 左右,满足设计和水泥土搅拌桩施工工艺标准(QB—CNCEC J010112—2004)的要求,说明搅拌桩的成桩质量较好;而在 7 m 以下,搅拌桩的水泥含量较低,在 3% 以内。值得注意,在 7 m 以内,水泥含量在 8%~13% 之间波动,这主要由水泥搅拌桩搅拌差异决定的。

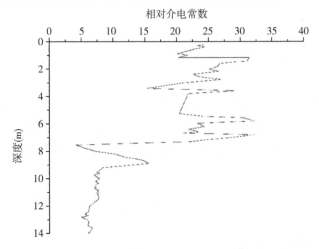

图 4-10 现场搅拌桩相对介电常数-深度曲线

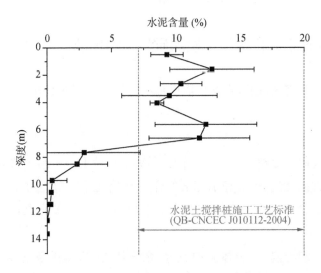

图 4-11 现场搅拌桩水泥含量-深度曲线

搅拌桩除了桩长和水泥含量两参数外,还有桩长范围内的成桩质量。本项目采用水泥含量的变异系数来确定。根据前人研究总结(表 4-7),当水泥含量变异系数小于 30% 时,桩体的均匀程度为非常均匀;当介于 30%～50% 之间,桩体的均匀程度为均匀;当介于 50%～80% 之间,桩体的均匀程度为不均匀;当大于 80%,桩体的均匀程度为极不均匀。现场检测中,在 7 m 深度内,水泥含量的均值为 0.106,标准差为 0.0154,其变异系数为 14.4%,小于 0.3,说明这段深度的水泥搅拌均匀性好。

表 4-7　水泥搅拌桩均匀性评价

桩体均匀程度	非常均匀	均匀	不均匀	极不均匀
水泥含量变异系数/%	<30	30～50	50～80	>80

4.6　施工工艺

检测工艺流程:

(1) 在水泥搅拌设备中,额外加入尾矿粉示踪剂。

(2) 打设水泥搅拌桩后,移位水泥搅拌桩检测设备至新打设的水泥搅拌桩桩位上。

(3) 静压介电常数测试仪(MOISTURE 公司的 SM300),测量介电常数随深度的变化。

(4) 根据室内标定测试结果反算水泥含量随深度的变化,与规范值和设计值比较,确定水泥搅拌桩成桩质量。

(5) 如质量不满足要求,需移位水泥搅拌桩打设设备,重新打设。

(6) 重新检测,直至满足规范值或设计值。

4.7　水泥搅拌桩水泥含量快速检测质量控制标准

根据上述室内和现场试验,本项目提出水泥搅拌桩水泥含量快速检测质量控制标准如下:

(1) 标定测试

水泥搅拌桩适用于处理淤泥、淤泥质土、泥炭土和粉土。不同土体的自身介电常数、混合水泥的介电常数、混合水泥和示踪剂的介电常数均不一致。对于不同土体,应先取土开展室内标定试验,确定该土体的自身介电常数、混合水泥的介电常数、混合水泥加示踪剂的介电常数。

介电常数的检测与温度、土体矿物成分、泵送压力、检测设备的压入压力等因素有关。为了寻求最佳的检测效果,应调控试验室内外界条件与现场一致,多次开展标定测试,确定同条件下的介电常数,指导大规模检测。

每个标段的标定检测不少于 5 个,且必须待标定测试后再进行水泥含量检测。

（2）检测准备

水泥含量检测应采用质量合格的尾矿粉作为示踪剂,使用前,应将样品送至实验室或监理工程师指定的实验室检验。

快速检验设备应配备电脑记录仪及打印设备,以便结果的快速处理和成桩结果的评价,以及快速了解和控制水泥搅拌桩的深度、水泥含量和均匀程度。

快速检验的贯入设备采用静压设备,必须具备良好及稳定的性能,所有静压设备在开工之前应由监理工程师和项目经理部组织检查验收合格方可开工。

（3）检测参数及要求

① 尾矿粉示踪剂:$(8\pm2)\%$。

② 深度检测精度:0.2 m。

③ 介电常数检测精度:0.1。

④ 水泥搅拌桩桩长检测:根据允许的最低水泥含量深度确定水泥搅拌桩实际桩长。

⑤ 水泥搅拌桩水泥含量检测:在水泥搅拌桩桩长范围内,采用水泥含量平均值。

⑥ 水泥含量不均匀程度评价

变异系数:小于 30%　　　非常均匀

　　　　　30%～50%　　均匀

　　　　　50%～80%　　不均匀

　　　　　大于 80%　　　极不均匀

（4）检测工艺控制

项目部指派专人负责水泥搅拌桩的检测,全程监测水泥搅拌桩快速检测过程。所有检测施工机械均应编号,现场技术人员、机长、现场负责人、桩长、水泥含量和均匀度等也应制成标牌悬挂于每个检测桩旁,确保人员到位,责任到人。

检测之前,应检查介电常数检测设备工作状态是否正常,确保介电常数测量准确性。待设备检测正常后方可进行水泥搅拌桩水泥含量检测。

为了确保示踪剂不影响水泥搅拌桩的施工质量,示踪剂的粒径应高于 200 目,保证不堵塞水泥搅拌桩喷浆管道。

为了确保桩体示踪剂含量要求,每台搅拌机械均应配备电脑记录仪。同时,现场应配备比重测定仪,以备监理工程师和项目经理部质检人员随时抽查检验示踪剂掺量是否满足要求。

贯入设备的贯入速度应控制在 10～100 cm/min,检测结束后应采用同等强度的水泥砂浆回灌检测孔内,并密实,避免影响水泥搅拌桩强度。

贯入操作人员认真填写施工原始记录,记录应包括:① 检测桩号、检测时间、天气情况、检测次数;② 示踪剂含量、初始介电常数;③ 贯入速率、贯入深度;④ 检测桩长、水泥含量、均匀程度;⑤ 水泥搅拌桩是否合格。

（5）快速检测质量控制

水泥含量快速检测应与取芯强度检测进行对照,建立适用于该土体的水泥含量和强度的对应关系,便于设计、施工人员参考。

由于水泥含量检测的快速性,可针对不满足要求的桩及时重新修补或打设,避免了最终成桩的不合格。但初次不合格率仍需作为水泥搅拌桩打设评价的指标。如果初次检测结果不合格率小于 10%,则认为该段水泥搅拌桩施工总体满足要求;如果不合格率大于 10%,需更换质量优秀的施工队。

每检测 100 根桩,需对介电常数设备进行标定,确保其工作性能处于良好状态。

4.8　小结

（1）通过室内试验,明确了水泥土中的示踪剂的影响,通过三种电学示踪剂(铁粉、碳粉、尾矿粉)的研究发现其效果相近,但尾矿粉更经济,所以在使用时可选用尾矿粉作为示踪剂。示踪剂的掺量取值范围为(8±2)%。

（2）对工程现场设备进行改造,研发了现场水泥搅拌桩快速检测设备,并对水泥搅拌桩进行测试。结果表明,此设备可快速、准确获取搅拌桩的水泥含量及分布。鉴于室内和现场检测,提出了水泥搅拌桩水泥含量快速检测质量控制标准,其对水泥搅拌桩质量控制具有指导意义。

（3）根据室内试验和现场结果编写了《示踪剂对水泥土混合浆液介电常数影响的室内模型试验研究》《示踪剂种类及掺量对水泥土混合浆液的电学行为影响研究》两篇论文。

第五章

滨海相淤泥质软土道路沉降测量新技术研究

5.1 引言

道路的沉降直接反映地基的固结水平及运营阶段跳车灾害,准确测量道路的沉降尤显重要。现有的沉降仪虽具有测量方法简便、使用简单、自动化测量水平较高、测量精度较高等特点,但仍然存在基准点(不动点)的选取较为困难等缺点,因而测量结果的精确度受到了较大程度的影响。

采用传统沉降板测沉降方法,还存在沉降板易破坏,周围土体难以压实及道路运营阶段很难进行测量等问题。因而从基准点的布设和测量施工方便角度出发,可研发出一种能埋没于土体内且随施工区土体填筑不受影响的沉降观测仪器。

分析现有的沉降观测仪器在施工运用中存在着基准点不准和埋设点施工压实质量难控制、观测需要配置大量的资源等缺点产生的原因,主要对沉降基准点的布设、沉降观测方法、数据的收集和整理等方面进行改进和优化,根据测量原理通过室内试验和现场试验研制开发一种埋入式激光沉降观测装置。

5.2 埋入式激光沉降观测装置

5.2.1 测量原理

基于连通器的原理,一端高程变化,会引起水中内部孔压的变化。假定的基准点与液管液面之间高度为 H_0,传感器与液管液面之间高度为 H_i,分别用 JS—1800 传感器和激光测距仪(测管口至液面距离)测出 H_i 与 H_0 的值,$H_i - H_0$ 的值可看为传感器相对于基准点的高度。随着沉降的发生,传感器的位移发生变化。$H_i - H_0$ 的值也会发生相应的变换,两次 $H_i - H_0$ 值的差即为沉降值。若观测管发生沉降,则需要将观测管沉降量加上去。传感器测量原理如图 5-1 所示。

根据以上测量原理中的变化量,分三种情况讨论埋入式激光沉降仪沉降计算公式:

(1)沉降仪竖直沉降,PVC 观测管没有沉降且管中水位不变

测量 H_i 采用高精度振弦式孔隙水压力计,测出不同相对高度的压力值 P_i,通过水压力方程可以计算 H_i 值:

$$\rho g H_i = P_i \tag{5-1}$$

根据振弦式孔压计的测量原理,使用振弦式频率仪,压力值 P_i 可由下式计算:

$$P_i = K(f_0^2 - f_i^2) \tag{5-2}$$

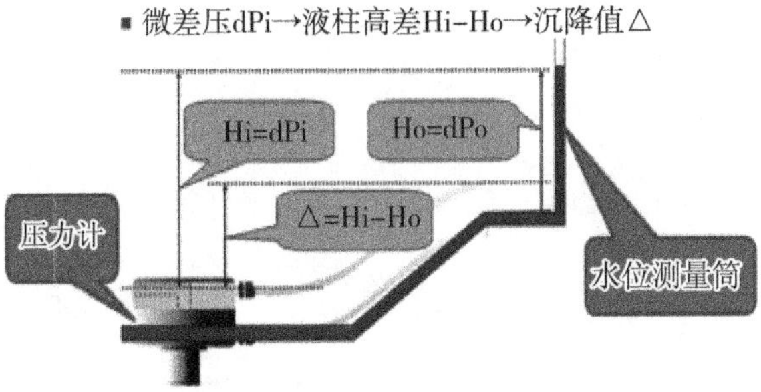

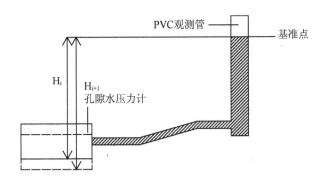

微差压dPi→液柱高差Hi-Ho→沉降值△

Hi=dPi　Ho=dPo

压力计

△=Hi-Ho

水位测量筒

图 5-1　传感器测量原理示意图

PVC观测管

基准点

H_i

H_{i+1}
孔隙水压力计

图 5-2　埋入式激光沉降仪情况 1 室内试验示意图

式中：P_i——第 i 次测得的孔隙水压力，单位 kPa；

　　　K——孔压计的传感器系数；

　　　f_0——孔压计钢弦的初始自振频率；

　　　f_i——在孔压作用下的自振频率，即第 i 次测得的频率仪读数，单位 Hz。

$$H_i = K(f_0^2 - f_i^2)/\rho g \tag{5-3}$$

第 $i+1$ 次测量计算可得

$$H_{i+1} = K(f_0^2 - f_{i+1}^2)/\rho g \tag{5-4}$$

由此可得孔隙水压力计沉降量

$$S = H_{i+1} - H_i = \frac{K(f_i^2 - f_{i+1}^2)}{\rho g} \tag{5-5}$$

（2）沉降仪竖直沉降，PVC 观测管没有沉降但管中水位变化

与情况 1 同理推算得 $H_i = K(f_0^2 - f_i^2)/\rho g$；

对于 H_0 的测量，以观测管口为基准，利用手持式激光测距仪第 i 次测得液面到管口

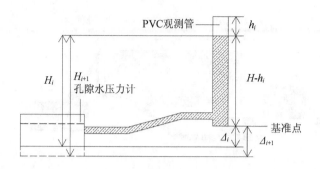

图 5-3　埋入式激光沉降仪情况 2 室内试验示意图

的距离记为 h_i，则第 i 次测得的 H_0 为：

$$H_{0i} = H - h_i \tag{5-6}$$

第 $i+1$ 次测得的 H_0 为：

$$H_{0i+1} = H - h_{i+1} \tag{5-7}$$

式中，H 为观测管的长度，单位 mm。

第 i 次计算得到的 Δ 可表示为：

$$\Delta_i = H_i - H_{0i} = H_i - H + h_i \tag{5-8}$$

第 $i+1$ 次计算得到的 Δ 可表示为：

$$\Delta_{i+1} = H_{i+1} - H_{0i+1} = H_{i+1} - H + h_{i+1} \tag{5-9}$$

沉降值 S 可表示为：

$$S = \Delta_{i+1} - \Delta_i = (H_{i+1} - H_i) + (h_{i+1} - h_i) = \frac{K(f_i^2 - f_{i+1}^2)}{\rho g} + (h_{i+1} - h_i) \tag{5-10}$$

（3）沉降仪竖直沉降，PVC 观测管中水位变化且观测管产生沉降变化

埋入式激光沉降仪沉降量 S 表达式为：

$$S = \Delta_{i+1} + S_{观测管} - \Delta_i \tag{5-11}$$

与情况 2 同理可得：

$$S = \frac{K(f_i^2 - f_{i+1}^2)}{\rho g} + (h_{i+1} - h_i) + S_{观测管} \tag{5-12}$$

由上式(5-12)可知，其沉降量 S 实际就是第二种情况的沉降量计算结果加上 PVC 观测管沉降量。

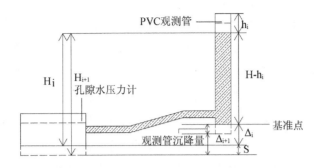

图 5-4 埋入式激光沉降仪情况 3 室内试验示意图

根据计算分析,沉降值的计算公式为:

$$S = \frac{K(f_i^2 - f_{i+1}^2)}{\rho g} + (h_{i+1} - h_i) + S_{观测管} \qquad (5-13)$$

5.2.2 装置构造

埋入式激光沉降观测装置主要包括压力传感器、手持式激光测距仪、观测管、尼龙导管、无气水(或蒸馏水)、片状漂浮物(或微型浮标)。

埋入式激光沉降仪的工作原理为在拟测沉降的位置放置压力传感器装置,在不受施工干扰的地方放观测管,用尼龙软管将观测管的下端与压力传感器装置相连接。先将PVC观测管与尼龙导管连接好,尼龙导管外壁套 PE 管保护,其次将尼龙导管另一端与压力传感器装置相连接,再将无气水注入观测管中,待压力传感器装置上通气孔有水流出,排气一段时间后将通气孔堵住。此时,保持观测管内有适量无气水,将压力传感器装置埋设在路堤的待测点处,并在其周围铺设砂层保护。电压显示器的导线和 PVC 观测管均安置在非施工区域且便于测量处。观测管底部用沙护住,周围固定以使其竖直。观测管液面上放置片状漂浮物,用手持式激光测距仪从管顶将激光束打到漂浮物表面,即可测得水位。为使激光束不偏离观测管的轴心线,设置导向器以放置测距仪。测量人员读数完成后,用保护罩罩住观测管,防止管内无气水蒸发和雨天雨水进入。

用水作为观测液时,如果其中溶有空气,会对沉降测量的精确度造成影响。因此,保证该系统中的观测液的低含气量十分必要,可以采用将水煮沸 3 分钟冷却。冷开水不宜长时间存放,除非容器中无空气且密闭。将冷开水由一个容器转入另一个储水容器时,不可倒入。倒入时会在空气中形成水柱,将空气带进水中。

本装置使用的压力传感器为振弦式传感器,采用手持脉冲式激光测距仪测量观测管中水位。由于振弦传感器直接输出振弦的自振频率信号,因此具有抗干扰能力强、受电参数影响小、零点飘移小、受温度影响小、性能稳定可靠、耐震动、寿命长等特点,与工程、科研中普遍应用的电阻应变计相比,有着突出的优越性。

振弦式传感器工作原理:振弦式传感器由受力弹性形变外壳(或膜片)、钢弦、紧固夹头、激振和接收线圈等组成。钢弦自振频率与张紧力的大小有关,在振弦几何尺寸确定之后,振弦振动频率的变化量,即可表征受力的大小。现以双线圈连续等幅振动的激振方式,来表述振弦式传感器的工作原理。工作时开启电源,线圈带电激励钢弦振动,钢弦振动后在磁场中切割磁力线,所产生的感应电势由接收线圈送入放大器放大输出,同时将输出信号的一部分反馈到激励线圈,保持钢弦的振动,这样不断地反馈循环,加上电路的稳幅措施,使钢弦达到电路所保持的等幅、连续的振动,然后输出与钢弦张力有关的频率信号。

5.3 埋入式激光沉降观测装置室内试验

5.3.1 试验方案

表 5-1　埋入式沉降观测装置试验方案

型号	振弦式孔压计参数		试验分组
	$K(Pa/Hz^2)$	$f_0(Hz)$	
KXR—3032	$4.74×10^{-2}$	1 615.8	a. 模拟观测管水位不变、沉降较小的情况 b. 模拟观测管水位变化、沉降较小的情况 c. 模拟观测管水位不变、倾斜的情况
01325	$4.40×10^{-2}$	1 429.0	a. 模拟观测管水位变化、沉降较小的情况 b. 模拟观测管水位变化、沉降较大的情况 c. 模拟观测管水位不变、倾斜的情况
01327	$5.56×10^{-2}$	1 396.0	a. 模拟观测管水位变化、沉降较小的情况 b. 模拟观测管水位变化、沉降较大的情况 c. 模拟观测管水位不变、倾斜的情况

注:通过控制升降平台的上升可以模拟土体发生上抬位移的情况。

表 5-1 列出了对三种不同型号的振弦式孔隙水压力计进行的室内试验方案,其中型号 KXR—3032 振弦式孔隙水压力计首先在模拟观测管水位不变、沉降较小的情况下,比较实际沉降值与所测沉降值之间的差别,对其沉降计算公式进行修正;其次在模拟观测管水位变化、沉降较小的情况下,使用修正后沉降计算公式计算出来的沉降值的效果;最后在模拟观测管水位不变、倾斜的情况下,观测管倾斜度对试验结果的影响。型号 01325 振弦式孔隙水压力计和型号 01327 振弦式孔隙水压力计都是首先在模拟观测管水位变化、沉降较小的情况下,比较实际沉降值与所测沉降值之间差别,对其沉降计算公式进行

修正;其次在模拟观测管水位变化、沉降较大的情况下,使用修正后沉降计算公式计算出来的沉降值的效果;最后在模拟观测管水位不变、倾斜的情况下,观测管倾斜度对试验结果的影响。型号 KXR—3032 振弦式孔隙水压力计、型号 01325 振弦式孔隙水压力计和型号 01327 振弦式孔隙水压力计的参数 K 值不一样。

由于地下试验室保持常温且湿度适中,试验过程中不会受到水分蒸发作用的影响,可以假定观测管中的水位在试验期间不会随孔压计的下降而发生变化,管中只有纯净无气水时线性比例系数为 $\rho g = 9.8$。

5.3.2 装置构造

本试验需要用到的仪器主要有:

(1) 改进后高精度振弦式孔隙水压力计和振弦式频率仪

高精度振弦式孔隙水压力计由受力弹性形变外壳(或膜片)、钢弦、紧固夹头、激振和接收线圈等组成。其管径 50 mm,当电磁激励线圈通入一脉冲电流时,电磁铁会把钢弦吸住,当电流断开时,电磁铁就失去吸力,因而钢弦产生张弛振动,其振动频率即为钢弦的固有频率。测头承压膜受到压力后,膜片中心产生挠曲引起钢弦应力变化,其自振频率 f 亦会发生变化。

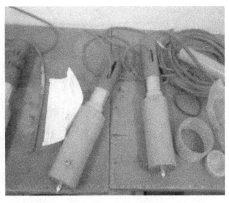

(a) 改进前　　　　　　　　　　　　　　(b) 改进后

图 5-5　高精度振弦式孔隙水压力计图

振弦式频率仪用于测读振弦式孔隙水压力计,其体积小,携带方便。

频率:四位整数、一位小数、±0.1 Hz。

周期:四位整数、一位小数、±0.1 μs。

(2) 手持式激光测距仪(含反射板)

激光测距仪用于测量 PVC 观测管中水位距离,精度为 ±1 mm,精确度高。激光测距仪是利用激光对目标的距离进行准确测定的仪器,其工作原理是在工作时向目标射出一

图 5-6　振弦式频率仪

图 5-7　手持式激光沉降仪

束很细的激光,由光电元件接收目标反射的激光束,计时器测定激光束从发射到接收的时间,从而计算出从激光测距仪到目标的距离。

(3) 可控高度的升降平台

可控高度的升降平台用于模拟振弦式孔隙水压力计埋设于路堤下的下沉位移,精度可达 0.1 mm。

（4）PVC 竖向观测管

PVC 观测管直径 35 mm，长度 2 m，观测管底部位置有接头，可以连接 8 mm 尼龙导管。PVC 观测管中充满适量水，其与 8 mm 尼龙导管及孔隙水压力计连接，PVC 观测管中水位值是计算沉降值的重要参数之一，其水位值使用手持式激光测距仪测量。

图 5-8　PVC 竖向观测管

（5）尼龙导管若干

尼龙导管直径为 8 mm，其采用 100％高物性热塑性聚氨酯弹性体（TPU）制造，具有极好的柔软性，耐高压，抗振动，耐磨损。

（6）无气水、密封油

PVC 观测管中使用无气水，减小水中空气对试验的影响。

密封油用于防止空气从观测管中进去，溶入观测管内水面中，影响试验结果。

（7）储水筒、抽气筒、注水器

储水筒用于储存无气水，注水器将无气水注入 PVC 观测管中，抽气筒用于排出管道内空气。

（8）水管接头若干

PVC 观测管下部接头用于连接 8 mm 尼龙导管。

（9）温度计、卷尺、剪刀、扳手、记录板等。

5.3.3　试验结果

1. 试验数据和处理

室内试验中，通过分别单次下降 1 mm、2 mm、4 mm、6 mm、8 mm、10 mm、12 mm、

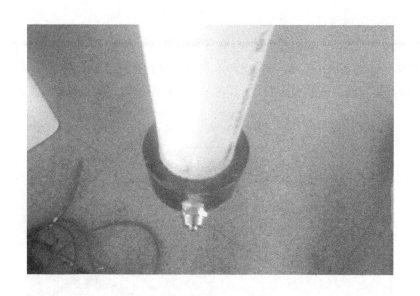

图 5-9　PVC 竖向观测管下部接头

14 mm、16 mm、18 mm、20 mm，计算前后两次沉降后对应的孔压的差值，通过对试验数据的处理，分析孔压差值与沉降实际值的线性关系。

本室内试验需要记录孔隙水压力计下降时的观测管中水位值 h_i 和孔隙水压力计频率 f_i，然后带入计算公式中进行计算。

（1）采用型号 KXR—3032 振弦式孔压计

A. 模拟观测管水位不变的情况

由于地下试验室保持常温且湿度适中，试验过程中不会受到水分蒸发作用的影响，可以假定观测管中的水位在试验期间不会随孔压计的下降而发生变化，即 H_0 不变。

因 $h_{i+1} = h_i$，可简化为：$S = H_{i+1} - H_i = K(f_i^2 - f_{i+1}^2)/\rho g$ （5-14）

式中，$K = 4.74 \times 10^{-2}$ Pa/Hz^2，$\rho = 1.0 \times 10^3$ kg/m^3，$g = 9.8$ N/kg。 （5-15）

由上式可见，前后两次测量的孔压差 $K(f_i^2 - f_{i+1}^2)$ 与理论沉降计算值 S 成线性关系，当管中只有纯净无气水时，可取 $\rho = 1.0 \times 10^3$ kg/m^3，重力加速度取 $g = 9.8$ N/kg，线性比例系数为 $\rho g = 9.8$。

表 5-2　沉降实际值与对应的孔压差值

单次沉降实际值/mm	测量次数 n	累积沉降/mm	孔压差/Pa
1	50	50	11.2
2	50	100	22.4
4	50	200	44.0

单次沉降实际值/mm	测量次数 n	累积沉降/mm	孔压差/Pa
6	50	300	66.2
8	50	400	88.0
10	40	400	115.7
12	40	480	131.6
14	20	280	159.6
16	20	320	183.9
18	20	360	205.7
20	20	400	228.3

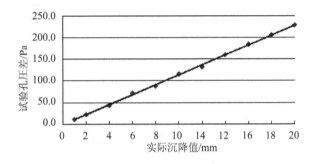

图 5-10　孔压差与实际沉降值的线性关系

通过试验数据的拟合分析,孔压差与沉降实际值确实存在着线性关系,比例系数为11.3,拟合度达 0.998 7。可见,试验得到的比例系数 11.3 与理论系数 9.8 存在一定的差距,其原因可能是:观测管中液面受大气压作用、反射板的重力作用以及管中水的密度不一定为 1.0×10^3 kg/m³,同时,频率仪的测量精度(± 0.1 Hz)有限,多种因素导致实测的比例系数存在一定偏差。通过采用理论系数和实测系数分别计算沉降值,所得数据的误差分析对比如下:

表 5-3　采用理论系数 9.8 的计算结果

单次沉降实际值/mm	平均沉降计算值/mm	方差	平均绝对误差/mm	平均单次相对误差/%	平均累积相对误差/%
1	1.14	0.43	0.14	14.15	12.58
2	2.28	0.64	0.28	14.01	4.57
4	4.49	0.24	0.49	12.29	12.56
6	6.76	1.13	0.76	12.59	12.86
8	8.98	0.97	0.98	12.29	12.83

单次沉降实际值/mm	平均沉降计算值/mm	方差	平均绝对误差/mm	平均单次相对误差/%	平均累积相对误差/%
10	11.81	3.47	1.81	18.08	18.23
12	13.43	2.35	1.43	11.90	11.37
14	16.28	5.33	2.28	16.32	16.99
16	18.76	8.18	2.76	17.27	17.40
18	20.99	9.62	2.99	16.62	16.14
20	23.30	11.42	3.30	16.48	16.27

表 5-4　采用实测系数 11.3 的计算结果

单次沉降实际值/mm	平均沉降计算值/mm	方差	平均绝对误差/mm	平均单次相对误差/%	平均累积相对误差/%
1	0.99	0.31	−0.01	−1.00	−2.74
2	1.98	0.42	−0.02	−1.12	−2.31
4	3.94	0.01	−0.06	−1.50	−2.38
6	5.86	0.44	−0.14	−2.33	−2.12
8	7.81	0.05	−0.19	−2.41	−2.15
10	10.24	0.21	0.24	2.40	2.54
12	11.75	0.36	−0.25	−2.08	−3.41
14	14.12	0.10	0.12	0.86	1.46
16	16.27	0.48	0.27	1.69	1.82
18	18.21	0.54	0.21	1.16	0.72
20	20.20	0.46	0.20	1.02	0.83

由图可见，采用实测系数 11.3 计算得到的测量结果的相对误差和方差都远远小于采用理论系数 9.8 计算得到的结果，即测量数据更准确，更接近实际值。因此，对于该型号振弦式孔压计，可将理论计算公式修正为下列公式，用于现场测量的计算。

$$S = K(f_i^2 - f_{i+1}^2)/11.3 \tag{5-16}$$

综上所述，利用修正公式计算沉降的误差较小，试验数据表明测量精度能够达到 2.5%，绝对误差≤±0.3 mm。

B. 模拟观测管水位变化的情况

上述试验是在室内常温试验中观测管里的水位受外界影响较小，假定是不变的条件下进行的。考虑到现场实际应用时会受到水分蒸发等因素的影响，观测管中的水位会发

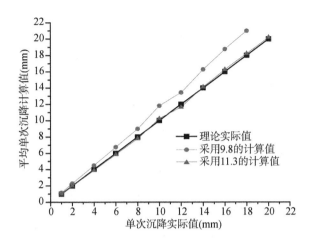

图 5-11　观测管水位不变的情况下两种不同计算方法的数据对比图

生一定的变化。因此,有必要考虑在水位不断变化($h_{i+1}\neq h_i$)的情况下开展一系列试验,检测该仪器的测量精度,此试验中的沉降计算值可采用修正公式 $S = K(f_i^2 - f_{i+1}^2)/11.3 + (h_{i+1} - h_i)$ 进行计算。

第五章 滨海相淤泥质软土道路沉降测量新技术研究

表 5-5　修正后的数据分析表

单次沉降实际值/mm	测量次数 n	累积沉降 /mm	平均沉降计算/mm	方差	平均绝对误差/mm	平均单次相对误差/%	平均累积相对误差/%
2	50	100	2.13	0.70	0.13	6.5	6.1
4	50	200	4.21	0.98	0.21	5.3	4.7
6	30	180	6.22	0.92	0.22	3.6	4.2
8	20	160	8.49	1.13	0.49	6.1	9.2
10	20	200	10.63	1.84	0.63	6.3	8.5
12	20	240	12.64	1.92	0.64	5.3	4.3
14	20	280	14.69	1.90	0.69	4.9	5.5
16	20	320	16.49	1.23	0.49	3.1	3.4
18	20	360	18.74	1.32	0.74	4.1	4.2
20	20	400	20.80	1.18	0.80	4.0	4.4

从 5-12 图上可以看出,采用修正公式所计算的结果比较接近实际值,说明该修正公式是可取的。考虑水位变化的情况,测量结果的误差增大,测量值偏大,测量精度降到 6.5%,绝对误差≤±0.8 mm。由于方差较大,即多次测量所得数据波动较大,因此,在实际应用时建议采取多次测量求平均值的方法。

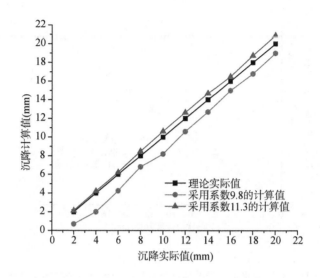

图5-12 观测管水位变化的情况下两种不同计算方法的数据对比图

C. 模拟观测管倾斜的情况

将观测管依次倾斜一定的角度,试验结果表明:当观测管倾斜度 Φ 小于等于某一临界角度时,测量精度与观测管竖直状态下相比差距较小,即此时观测管的倾斜对测量结果的影响较小,不会导致误差增大;但是,当观测管的倾斜度 Φ 大于这一临界角度后,测量精度明显降低,误差增大。

临界角度的具体值主要由观测管管内直径 D、反射板直径 d 和反射板高度 h 决定。根据手持式激光测距仪的使用原理,测距仪在工作时向目标射出一束很细的激光,由光电元件接收目标反射的激光束,计时器测定激光束从反射到接收的时间,计算出从观测位置到目标的距离。本试验中需要测量从管口到水面的距离 h_i,所以需要将特制的反射板漂浮于水面上,此反射板需要满足以下要求:

a. 轻质,可漂浮于水面;

b. 不浸水,耐腐蚀;

c. 圆柱状,直径恰好略小于观测管管内直径($d<D$),使其既能随水面变化自由上下浮动,又避免表面过小无法反射激光束;

d. 表面平整光滑,保证反射板处于同一位置时,激光束打到表面任何位置的测量结果相同,同时可以减小反射板与管壁的摩擦。

如5-13图上所示,观测管竖直时,反射板可以随观测管中水位的变化而自由上下浮动,始终保持水平状态。当观测管倾斜到一定程度时,反射板上的 a 点和 c 点将同时和管壁接触,若继续倾斜,反射板的浮动将受到管壁的阻碍,不再保持水平,测距仪的测量结果将不再准确,误差增大。此时的观测管倾斜度即为临界角度 θ。

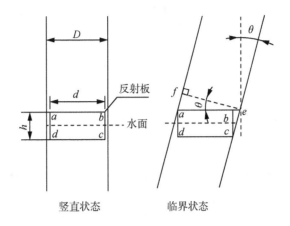

竖直状态   临界状态

图 5-13 观测管的倾斜示意图

$$\theta = \arcsin\left(\frac{D}{\sqrt{h^2+d^2}}\right) - \arctan\frac{d}{h}, (0° < \theta < 90°) \tag{5-17}$$

因此,在观测管的埋设过程中一定要尽量保证其竖直。当观测管的倾斜度由人为或其他因素而导致超过临界角 θ 时,测量结果误差增大,不再满足测量精度要求,该观测管将无法继续使用。

(2) 采用型号 01325 振弦式孔压计

沉降值测量试验方法与采用 KXR—3032 振弦式孔压计测沉降值的方法一致。同理,试验三种(模拟观测管水位变化、沉降较小的情况,模拟观测管水位变化、沉降较大的情况,模拟观测管倾斜的情况)不同情况下的理论实际值和理论系数、实测系数下的沉降值情况。

A. 模拟观测管水位变化、沉降较小的情况

由于试验过程中受到水分蒸发作用等影响,观测管中的水位随孔压计的下降而发生微小变化。

$$S = \Delta_{i+1} - \Delta_i = (H_{i+1} - H_i) + (h_{i+1} - h_i) = \frac{K(f_i^2 - f_{i+1}^2)}{\rho g} + (h_{i+1} - h_i)$$

$$\tag{5-18}$$

式中, $K = 4.4 \times 10^{-2}$ Pa/Hz², $\rho = 1.0 \times 10^3$ kg/m³, $g = 9.8$ N/kg

由上式可见,如前所述,理论上实际沉降值-观测管水位差值均值即 $S-(h_{i+1}-h_i)$ 与前后两次测量的孔压差 $K(f_i^2 - f_{i+1}^2)$ 成线性关系。

表 5-6　（实际沉降-观测管水位差值均值）与对应的孔压差值

单次沉降实际值/mm	单次沉降实际值-观测管水位差值均值/mm	测量次数 n	累积沉降/mm	平均孔压差/Pa
1	0.94	50	50	9.34
2	1.94	50	100	18.10
4	4.08	50	200	36.97
6	6.08	50	300	55.24
8	7.90	50	400	73.73
10	9.87	40	400	91.82
12	11.97	40	480	110.65
14	14.00	20	280	129.11
16	15.92	20	320	147.46
18	17.64	20	360	165.87
20	19.60	20	400	183.70

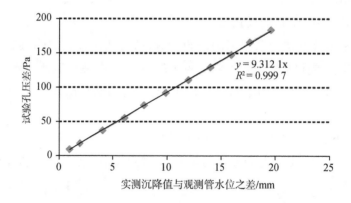

图 5-14　$S-(h_{i+1}-h_i)$ 与 $K(f_i^2-f_{i+1}^2)$ 的线性关系

通过图 5-14 中试验数据的拟合分析,孔压差值与(实际沉降-观测管水位差值均值)存在着线性关系,比例系数为 9.31,拟合度达 0.999 7。而理论上孔压差值与(实际沉降-观测管水位差值均值)的线性比例为 $\rho g = 9.8$。可见,试验得到的比例系数 9.31 与理论系数 9.8 存在偏差,其影响因素与第一组试验中所叙述相同。通过采用这两种不同系数分别计算沉降值,测量数据的误差分析对比如下:

表 5-7　采用理论系数 9.8 的计算结果

单次沉降 实际值/mm	平均沉降 计算值/mm	方差	平均绝对 误差/mm	平均单次 相对误差/%	平均累积 相对误差/%
1	1.01	0.65	0.01	1.28	6.81
2	1.91	0.77	−0.09	−4.64	−2.47
4	3.69	1.28	−0.31	−7.68	−2.67
6	5.56	1.33	−0.44	−7.38	−3.87
8	7.62	0.85	−0.38	−4.71	−6.12
10	9.49	1.14	−0.51	−5.05	−5.86
12	11.32	1.51	−0.68	−5.67	−7.32
14	13.17	1.99	−0.83	−5.90	−5.91
16	15.13	1.96	−0.87	−5.46	−4.97
18	17.29	2.31	−0.71	−3.95	−5.02
20	19.14	3.21	−0.86	−4.28	−5.55

表 5-8　采用实测系数 9.31 的计算结果

单次沉降 实际值/mm	平均沉降 计算值/mm	方差	平均绝对 误差/mm	平均单次 相对误差/%	平均累积 相对误差/%
1	1.06	0.69	0.06	6.29	9.75
2	2.00	0.81	0.00	0.22	1.14
4	3.89	1.22	−0.11	−2.72	0.20
6	5.85	1.24	−0.15	−2.44	1.11
8	8.02	0.74	0.02	0.24	−1.16
10	9.99	0.91	−0.01	−0.12	−0.95
12	11.91	1.10	−0.00	−0.72	−2.40
14	13.87	1.39	−0.13	−0.95	−0.98
16	15.92	1.26	−0.08	−0.51	−0.08
18	18.18	1.90	0.18	1.00	−0.14
20	20.13	2.56	0.13	0.66	−0.66

注:对于表 5-8 中测量 1 mm 沉降时,由于升降平台和频率仪的精度有限,造成单次误差相对较大,但绝对误差较小,已满足试验要求。

　　由以上图表可见,采用实测系数 9.31 计算得到的测量结果的相对误差和方差都远远小于采用理论系数 9.8 计算得到的结果,即测量数据更准确,更接近实际值。因此,可将理论计算公式修正为下列公式,用于现场测量的计算。

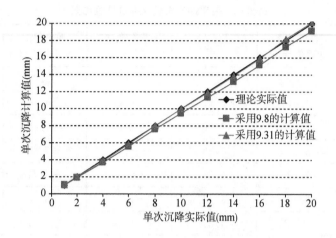

图 5-15 两种不同计算方法的数据对比图

$$S = \Delta_{i+1} - \Delta_i = (H_{i+1} - H_i) + (h_{i+1} - h_i) = \frac{K(f_i^2 - f_{i+1}^2)}{9.31} + (h_{i+1} - h_i)$$

$$(5-19)$$

综上所述,对于采用该型号振弦式孔压计的埋入式激光沉降仪,利用修正公式
(5-19)计算沉降的误差较小,试验数据表明测量精度能够达到 2.8%,绝对误差≤
±0.2 mm。

B. 模拟观测管水位变化、沉降较大的情况

通过采用修正公式和系数 9.8 原始公式计算沉降值进一步验证修正公式的精确度,
试验数据分析结果如下所示。

表 5-9 采用理论系数 9.8 的计算结果

沉降实际值/mm	沉降计算值/mm	方差	绝对误差/mm	相对误差/%
100	94.58	29.35	5.42	−5.42
200	188.76	126.29	11.24	−5.62
300	285.83	200.76	14.17	−4.72
400	383.91	258.82	16.09	−4.02
500	478.88	445.95	21.12	−4.22
604	577.27	714.41	26.73	−4.43
707	676.42	935.28	30.58	−4.33
809	775.16	1 145.10	33.84	−4.18
912	873.5	1 482.21	38.5	−4.22
1 016	975.44	1 645.34	40.56	−3.99

表 5-10 采用实测系数 9.31 的计算结果

沉降实际值/mm	沉降计算值/mm	方差	绝对误差/mm	相对误差/%
100	99.19	0.65	0.71	−0.81
200	197.96	4.16	2.04	−1.02
300	299.66	0.11	0.34	−0.11
400	402.22	4.94	−2.22	0.56
500	501.72	2.95	1.72	0.34
604	604.81	0.66	0.81	0.13
707	708.44	2.07	1.44	0.20
809	811.64	6.98	2.64	0.33
912	914.42	5.86	2.42	0.27
1 016	1 020.78	22.81	4.78	0.47

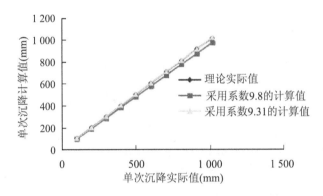

图 5-16 两种不同计算方法的数据对比图

从图 5-16 可以看出,采用修正公式所计算的结果比较接近实际值,说明该修正公式是可取的。对比表 5-9 和表 5-10 可见,在模拟大沉降的情况下,测量结果的误差增大,测量值偏大,测量精度为 1.02%,绝对误差≤±5 mm。由于方差较大,即多次测量所得数据波动较大,因此在实际应用时建议采取多次测量求平均值的方法。

C. 模拟观测管倾斜的情况

在模拟观测管倾斜的情况下,观测管的倾斜度 Φ 不得大于临界角度 θ,否则不再满足测量精度要求,该观测管将无法继续使用。

(3) 采用型号 01327 振弦式孔压计

与 01325 振弦式孔压计同理进行沉降值试验计算。

A. 模拟观测管水位变化、沉降较小的情况

表 5-11 （实际沉降-观测管水位差值均值）与对应的孔压差值

单次沉降实际值/mm	单次沉降实际值-观测管水位差值均值/mm	测量次数 n	累积沉降/mm	平均孔压差/Pa
1	0.84	50	50	8.95
2	1.92	50	100	18.45
4	3.96	50	200	37.89
6	5.87	50	300	55.46
8	7.78	50	400	76.44
10	9.83	40	400	95.98
12	11.74	40	480	114.44
14	13.73	20	280	134.59
16	15.72	20	320	153.54
18	17.64	20	360	170.32
20	19.6	20	400	189.74

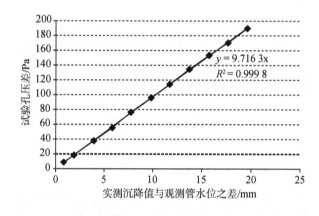

图 5-17 孔压差与实际沉降值的线性关系

如图 5-17,孔压差值与(实际沉降-观测管水位差值均值)存在着线性关系,比例系数为 9.72,拟合度达 0.999 8,而理论上线性比例为 $\rho g = 9.8$,存在偏差的原因如前文所述。采用理论系数与修正系数分别计算沉降值的对比如下:

表 5-12 采用理论系数 9.8 的计算结果

单次沉降实际值/mm	平均沉降计算值/mm	方差	平均绝对误差/mm	平均单次相对误差/%	平均累积相对误差/%
1	1.07	0.89	0.07	7.31	6.50
2	1.96	1.40	−0.04	−1.84	−8.30

单次沉降 实际值/mm	平均沉降 计算值/mm	方差	平均绝对 误差/mm	平均单次 相对误差/%	平均累积 相对误差/%
4	3.91	1.45	−0.09	−2.35	−3.98
6	5.78	2.33	−0.22	−3.60	−14.37
8	8.02	1.44	0.02	0.25	−4.66
10	9.97	1.31	−0.03	−0.31	0.07
12	11.93	2.13	−0.07	−0.55	−0.22
14	14.00	0.78	0.00	0.00	−0.81
16	15.95	1.79	−0.05	−0.33	−1.26
18	17.74	1.20	−0.26	−1.43	−1.00
20	19.76	2.73	−0.24	−1.19	−1.62

表 5-13　采用修正系数 9.72 的计算结果

单次沉降 实际值/mm	平均沉降 计算值/mm	方差	平均绝对 误差/mm	平均单次 相对误差/%	平均累积 相对误差/%
1	1.08	0.90	0.08	8.06	14.19
2	1.98	1.41	−0.02	−1.07	−8.57
4	3.94	1.46	−0.06	−1.55	−2.44
6	5.83	2.33	−0.17	−2.83	−13.65
8	8.08	1.46	0.08	1.05	−3.89
10	10.05	1.32	0.05	0.49	0.88
12	12.03	2.14	0.03	0.26	0.58
14	14.11	0.80	0.11	0.81	0.00
16	16.08	1.80	0.08	0.48	−0.46
18	17.89	1.16	−0.11	−0.63	−0.21
20	19.92	2.70	−0.08	−0.39	−0.84

可见,采用比例系数 9.72 计算得到的测量结果的相对误差和方差小于采用 9.8 计算得到的结果,测量数据更准确,更接近实际值。因此,可将理论计算公式修正为下列公式,用于现场测量的计算:

$$S = \Delta_{i+1} - \Delta_i = (H_{i+1} - H_i) + (h_{i+1} - h_i) = \frac{K(f_i^2 - f_{i+1}^2)}{9.72} + (h_{i+1} - h_i)$$

$$(5\text{-}20)$$

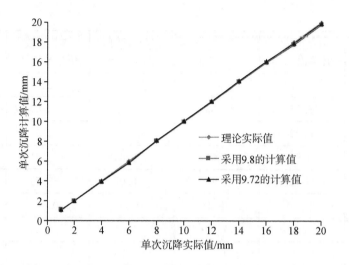

图 5-18　两种不同计算方法的数据对比图

综上所述,对于本组试验所采用的新型沉降仪,利用修正公式(5-20)计算所得的沉降值误差较小,测量精度能够达到 2.9%,绝对误差≤±0.2 mm。

B. 模拟观测管水位变化、沉降较大的情况

通过采用修正公式(5-20)和采用系数 9.8 原始公式计算沉降值进一步验证修正公式的精确度,试验数据分析结果如下所示。

表 5-14　采用理论系数 9.8 的计算结果

沉降实际值/mm	沉降计算值/mm	方差	绝对误差/mm	相对误差/%
100	94.02	35.75	5.98	−5.98
200	189.94	101.15	10.06	−5.03
300	291.56	71.15	8.44	−2.81
400	394.76	27.41	5.24	−1.31
500	494.47	30.53	5.53	−1.11
608	604.37	13.17	3.63	−0.60
709	702.27	45.28	6.93	−0.95
810	806.78	10.40	3.22	−0.40
913	909.9	9.62	3.10	−0.34
1017	1 010.6	40.96	6.40	−0.63

滨海深厚泥质软土地区
城市道路地基综合处理关键技术研究

表 5-15　采用实测系数 9.72 的计算结果

沉降实际值/mm	沉降计算值/mm	方差	绝对误差/mm	相对误差/%
100	94.82	26.84	5.18	−5.18
200	191.5	72.29	8.50	−4.25
300	293.9	37.23	6.10	−2.03
400	397.87	4.52	2.13	−0.53
500	498.33	2.79	1.67	−0.33
608	609.01	1.02	−1.01	0.17
709	707.65	1.83	1.35	−0.19
810	812.89	8.34	−2.89	0.36
913	916.77	14.22	−3.77	0.41
1 017	1 018.18	1.38	−1.18	0.12

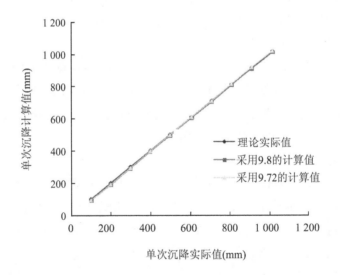

图 5-19　两种不同计算方法的数据对比图

从图 5-19 可以看出,采用修正公式(5-20)所计算的结果比较接近实际值,说明该修正公式是可取的。在模拟大沉降的情况下,测量结果的误差增大,测量值偏大,测量精度为 5.18%,绝对误差 ≤ ±8.5 mm。由于方差较大,即多次测量所得数据波动较大,因此在实际应用时建议采取多次测量求平均值的方法。

C. 模拟观测管倾斜的情况

在模拟观测管倾斜的情况下,观测管的倾斜度 Φ 不得大于临界角度 θ,否则不再满足测量精度要求,该观测管将无法继续使用。

2. 误差分析

由各组试验的数据分析表可见,在单次沉降量不变的情况下进行多次测量,尽管所测结果的平均相对误差较小,但并不是每一次测量的结果都是一样的,多次测量数值之间存在一定的波动。造成这种情况出现的原因主要是:

(1) 现有频率仪的频宽有限,导致所测孔压差值与实际差值存在微小偏差,致使对应的沉降计算值与实际值存在误差。尤其当沉降较小时,影响更加明显。比如,试验中发现,当实际沉降值小于 1 mm 时,由于实际的孔压变化较小,而频率仪的频宽有限,会导致出现前后两次读数相同即孔压差为零的情况,这样根据公式计算的沉降也为零。

(2) 激光测距仪的精度是 ±1.0 mm,在测量过程中,观测管不可避免地会受外界影响而产生振动,造成管中反射板出现轻微的波动,从而导致激光测距仪前后两次读数不同。

(3) 本试验用于模拟地基沉降的可升降平台的自身误差,平台每次下降的距离不可能完全精确到理论所要求的,其本身存在的误差也将直接影响最终的测量误差。

(4) 在计算沉降时并不是采用理论公式,而是将其中的比例系数 $\rho g = 9.8$ 进行修正。造成这种情况出现的主要原因是管中水的密度不一定为 1.0×10^3 kg/m^3,所以实际计算公式中并不能采用 $\rho g = 9.8$。

(5) 在分析观测管倾斜度对仪器精度的影响试验中,随着观测管的倾斜度越来越大,测量误差将超出允许范围,测量数据无法使用。造成这种状况的主要原因就是观测管的倾斜度超过了临界角度 θ,使得反射板发生倾斜或卡在管中而不能随液面升降自由变化,从而导致激光测距仪无法准确测量管口到液面的距离。

3. 仪器标定

由于存在误差,需要对仪器进行标定,仪器标定即是对埋入式激光沉降仪进行室内试验,通过室内试验数据分析确定标定系数。根据孔压差与沉降实际值之间的线性关系,将沉降实际值的平均值和孔压差值平均值进行线性拟合,即可得出标定系数 η。根据标定系数得修正公式: $S = K(f_i^2 - f_{i+1}^2)/\eta + (h_{i+1} - h_i)$。

详细试验步骤如下:

a. 为了保证试验的严谨性,检查仪器:其中包括激光测距仪、可控高度的升降平台、振弦式孔隙水压力计和频率仪的精确性,孔压计电缆的防水、绝缘性能,以及观测管和尼龙导管的气密性。

b. 连接好各部分仪器,截取一定长度直径 6 mm 的尼龙导管,将其一端与观测管底部的接口相连,另一端与振弦式孔隙水压力计的承压端相连,并保证两接口段的气密性良好;同时,将振弦式孔压计的电缆与频率仪端口连接好。

c. 向观测管和导管内慢慢地注入干净的无气水,同时排出导管内的空气,直至观测管内的水位达到一定高度,且保证整个导管内无气泡存在。

d. 布置好所有仪器设备:将振弦式孔压计固定在可升降平台上;将观测管竖直固定

在墙上,其底部要高于孔压计的位置;将尼龙导管在观测管和孔压计的位置之间呈"S"形固定在墙上;将反射板放入观测管内,使其平稳漂浮于水面上,同时在观测管上端固定好激光测距仪,检查其是否能够准确读数。

e. 旋转可升降平台的把手,使孔压计位于某一初始高度。打开频率仪电源,开始测量孔压计的初始读数 f_1;同时用激光测距仪测量观测管内水面距管口的初始距离 h_1。

f. 旋转把手,使孔压计随平台下降或者上升一定的距离 S,稳定后分别测量并记录频率仪和测距仪的读数,记为 f_2 和 h_2。

g. 重复上一步骤,分别记为 f_i 与 h_i,直至达到总沉降的要求为止。

h. 试验结束,拆除仪器,整理并归置完好。

室内试验时注意事项:

a. 在连接各仪器时,注意各仪器接口处的密闭性,接口处使用生胶带捆绑,防止漏水或空气进入,对试验结果产生影响。

b. 向观测管中注水排气时,尽量延长观测管注水排气时间,保证气体排出。

c. 保证观测管垂直,观测管倾斜过大,对试验结果产生影响。

d. 为提高试验精确度,本试验模拟土体沉降量时,同一沉降量重复多次测量观测管水位值和频率值,取平均值减小误差。

e. 使用激光测距仪测量水位值时可以将激光测距仪旋转方向,多次测量水位取其平均值作为该次水位值。

5.4 现场施工技术

5.4.1 试验方案

根据试验路段的自然条件和现场施工情况,选择两个有代表性断面进行现场监测,分别为 K1+900 的冲击碾压断面和 K2+050 的管桩处理断面。每个横断面布置 3 个埋入式激光沉降观测装置共 6 个孔隙水压力计,路基两侧对称埋设有测斜管及水位管。将沉降观测装置传感器埋设于沉降观测点,观测管埋设于施工区域外,沉降装置与观测管位于同一轴线位置。

5.4.2 装置构造

传感器的护套可以防止传感器因受周围碎石的挤压而破坏。传感器两端连接电线及导管,将其分别从 PE 管中穿出并预留一段在保护管中,以保护导管和电线。将从保护管中穿出的导管多余的部分截掉,导管的另一端连接观测管,连接接头处用带有钢丝的软管保护。拧开传感器上的螺丝,向观测管中注入防冻液并排气再拧上螺丝。由于向观

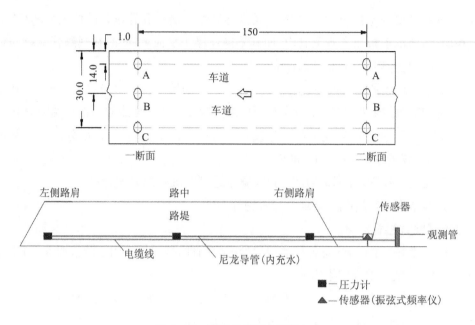

图 5-20 观测点平面布置图(m)

测管内注水时路径较长,传感器上排气出水口出水等待时间长,需使用吸气筒对准排水出气口吸气,增加导管内水体流动速度。

将沉降观测装置、PE 管和观测管摆放完好,观测管内注入适量的防冻液并加上盖用以减少水分蒸发。将观测管固定于非施工区域,设置防护栏及警示提醒,之后在传感器和 PE 管以及观测管周围铺设土层,最后在其上进行素土回填至原始高度。现场埋设时管道埋设呈弯曲形摆放,目的是防止受到上部碾压机碾压后,土体受到不均匀沉降而使PE 管道发生损坏。

值得注意的是,即使水分蒸发,激光测距仪可将水位高度精确测量出来,并不影响沉降的测量精度,并且设备内已采用防冻液等难挥发物质,可进一步降低水分蒸发的影响。

图 5-21 沉降观测装置现场埋设图

5.4.3 结果

收集 K1+900 的埋入式沉降观测数值,并与同时埋设的沉降板观测的数值进行对比,检查其设备的适用性和准确性。经过对比分析发现埋入式沉降观测装置的适用性和准确性满足工程施工和质量要求,可运用于工程施工沉降观测。

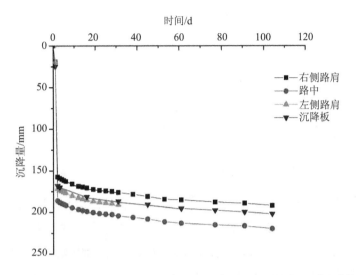

图 5-22 埋入式沉降观测装置与沉降板观测装置沉降-时间关系对比曲线图

由上图中左侧路肩、沉降板两条曲线可得,埋入式沉降观测装置沉降-时间关系曲线与沉降板的沉降-时间关系曲线变化趋势基本一致。两条累计沉降曲线在碾压过后开始阶段变化趋势基本一致,埋入式激光沉降仪与沉降板曲线在路基冲击碾压之间差值达到 1 mm,这是由于压路机进行场地平整时随垫层发生了压实,而处于填土层的埋入式激光沉降仪受到的影响较小。在冲击碾压处理路基当天,两测点间测量差值达到了 6 mm,除上述造成测量差值产生的原因外,两种测量仪器所埋设深度不同,处于不同土层,也是造成两者差异沉降较大的原因。

5.5 埋入式激光沉降观测数据分析

沉降观测装置埋设完成后,由专业人员负责收集和整理观测数据,并对埋入式沉降观测装置的 K1+900 断面(原土冲击压实法)和 K2+050 断面(桥头管桩)进行沉降分析。

(1)表面沉降监测结果与分析

通过对 K1+900 冲击碾压期间原土路基的沉降进行监测,绘制沉降-碾压遍数关系曲线如图 5-23。由图可知,随着碾压遍数的增加沉降总量逐步增加。在冲击碾压过程

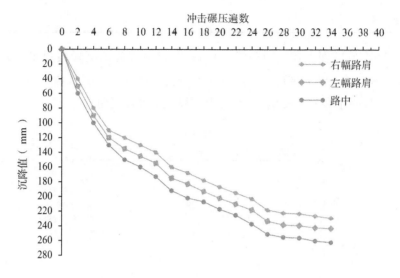

图 5-23　冲击碾压断面沉降-碾压遍数关系曲线

中,填料由松散状态逐步变为密实状态,进而达到设计的压实度要求。在冲击压实下,沉降变化主要分为三个阶段。第一阶段发生在前 6 遍冲击碾压过程中,沉降值变化最大,每次冲压后至少发生 20 mm 的沉降,是由于此阶段填料由最开始的松散状态变为初步密实状态,体积变化最大;第二阶段发生在第 6 遍~第 24 遍之间,此阶段每次冲压后,沉降值变化由 12 mm 到 7 mm,随着碾压遍数的增加沉降值逐步减少;第三阶段即处于第三次碾压期,可以看出此次碾压期间沉降值变化趋于平稳,碾压后压实度满足设计要求。另外从曲线图上可以看出沉降值有两个突变期,突变期处于分次碾压间歇期,在间歇期间由于自然沉降的作用也产生了沉降值,所以从碾压遍数与沉降总量曲线来看,沉降值有了突变。

图 5-24 为冲击碾压处理断面的沉降随时间的变化曲线图。由图可见,在三个时间段(前 5 天、第 16~21 天、第 42~46 天)沉降值发生变化较大。原因是在这三个时间段进行了冲击碾压施工,其沉降变化与冲击碾压遍数—沉降关系曲线相对应。随着时间的增加,沉降速率逐渐降低,曲线逐渐趋向于水平,特别是在第三次冲击碾压完成及料体强度达到设计压实度要求后,沉降变化趋于平稳。从 100 天到 140 天间,测点沉降量只有 5 mm 左右,且路中的不均匀沉降变化很小,即不均匀沉降几乎没有增加。

图 5-25 为 K2+050 管桩处理断面的沉降随时间变化的曲线。由于此时距离管桩埋设结束已有接近 6 个月的时间,管桩处理断面沉降极小。测量 4 个月以后,沉降量基本维持不变。同时,在冲击碾压期间,管桩区域没有发生明显沉降或上升,这说明冲击碾压对管桩区域基本没有影响。

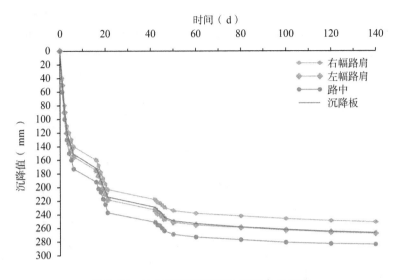

图5-24 冲击碾压断面沉降-时间关系曲线

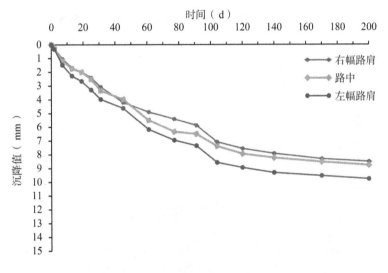

图5-25 管桩断面沉降-时间关系曲线

（2）孔隙水压力监测结果与分析

图5-26为不同碾压遍数下超孔隙水压力与深度关系曲线。由图中可以看出，在冲击碾压开始阶段（1～2遍），随着碾压遍数增加，深度为2～6 m的超孔隙水压力逐渐增加，但8～15 m的超孔隙水压力几乎为0，可以认为冲击碾压对此深度下孔隙水压力没有影响，即在此深度下没有产生超孔隙水压力。2 m深度处超孔隙水压力在冲击碾压的开始阶段最先增加，且增加幅度较大，随后4 m、6 m处的超孔隙水压力也逐渐增加，但增加幅度随深度逐渐减小。因此可以判断出冲击碾压产生的冲击力有一个传递过程，首先使

浅层路基软土的孔隙水压力上升,之后随深度增加的孔隙水压力在冲击碾压的影响下也逐渐上升。随着碾压遍数的增加,2~6 m 处超孔隙水压力发生不同程度的减小,深度越深,减小程度越小。

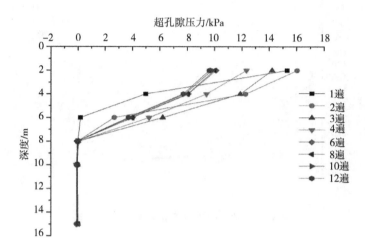

图 5-26　不同碾压遍数超孔隙水压力—深度关系曲线

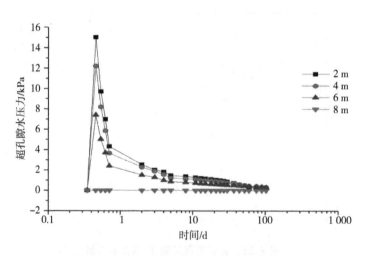

图 5-27　超孔隙水压力-时间关系曲线

　　图 5-27 为超孔隙水压力随时间变化的曲线。由图中可以看出 2~6 m 处土体在冲击碾压下产生较大的超孔隙水压力,而 8 m 处超孔隙水压力几乎为 0,即 8m 深度时孔隙水压力并没有出现上升的情况,可以认为冲击碾压处理的影响深度在 6~8 m 之间。由图中可以看出,超孔隙水压力在碾压前后上升非常明显,且超孔隙水压力的上升幅度随深度的增加逐渐减小。随着时间的增加,超孔隙水压力逐渐减小,土体逐渐固结。当超孔隙水压力消散到 50% 时,距离冲击碾压大约 5 h 左右;当超孔隙水压力消散到 70% 时,距离冲击碾压大约 9 h 左右;冲击碾压过后 1 天内超孔隙水压力随时间迅速消散,24 h 后

平均超孔隙水压力消散80%；冲击碾压15天内超孔隙水压力消散较快，至冲击碾压后15天，平均超孔隙水压力消散达到90%；随着时间的增加超孔隙水压力消散的速度逐渐降低，且随着深度的增加超孔隙水压力消散速度有所减慢，截止至碾压过后110天深度2 m处超孔隙水压力已消散约98.8%，深度4 m处超孔隙水压力已消散约98.2%，深度6 m处超孔隙水压力已消散约97%。

（3）地下水位监测结果与分析

图5-28为地下水位随时间变化的曲线。可以看到冲击碾压处理断面地下水位在冲击碾压前后上升较快，而此后随着时间的增加，地下水位逐渐下降。对比图5-27和图5-28可以发现，地下水位在碾压结束后仍有小幅的增加，即地下水位的峰值在时间上晚于超孔隙水压力，并对土体孔隙水压力的消散存在一定的影响。对比路基两侧的水位可以发现，在冲压后两测点的地下水位差略有增加，这是由冲击碾压产生的不均匀沉降所造成的。对比冲击碾压处理、管桩处理两个断面（即冲击碾压区域内、外）间的地下水位（管桩处理断面左幅水位管在前期施工遭到破坏）可以发现在冲击碾压期间管桩处理断面地下水位未受影响。冲击碾压断面地下水位在冲击碾压后下降迅速，水位下降后维持在一个平衡水位，该平衡水位略高于初始水位。

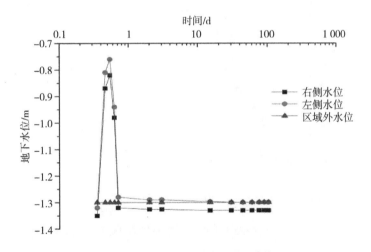

图5-28　地下水位-时间关系曲线

（4）深层水平位移监测结果与分析

图5-29为冲击碾压断面不同时间深层水平位移随深度变化的曲线。其中偏移量为负值，表示偏移是向路基外侧方向。可以看到，冲击碾压断面深层水平位移在冲击碾压后出现极为明显的增加，且在深度约为2.5~3 m处水平位移变化最明显。而在冲击碾压后，位移曲线发生了较小的回弹，且深度越浅，回弹量越大，之后随着时间的延长位移发生较小的增加。分析其中的原因，在冲击碾压期间，土体受到冲击产生较大的侧向变形，在冲击碾压过后，路基不再受到外部荷载，土体作为弹塑性体会发生轻微的回弹，在

不受较大外力的情况下路基不会产生较大的侧向变形。

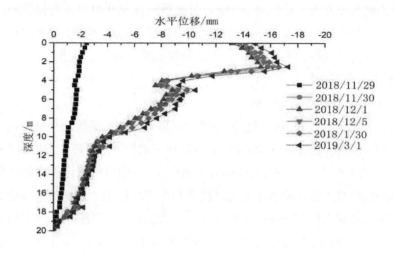

图 5-29　冲击碾压断面右幅深层水平位移-深度关系曲线

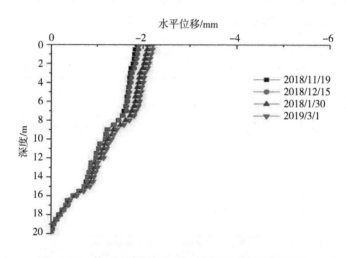

图 5-30　管桩处理断面深层水平位移-深度关系曲线

管桩处理断面在冲击碾压期间及施工后深层水平位移并没有明显变化,可以发现管桩加固区域深层水平位移未受冲击碾压影响,因此不再对管桩处理断面深层水平位移做分析。管桩处理断面在表面沉降、地下水位及深层水平位移并没有发生太大变化,可以认为管桩处理区域未受冲击碾压施工的影响,说明管桩处理路基变形较小,且路基稳定性好。

结合现场监测结果可知,冲击碾压处理路段工后沉降较大,因此只通过冲击碾压对软土路基进行加固的效果不是特别理想,需对冲击压实法采取其他手段进行沉降控制。

根据冲击压实法(蓝派压实法)处理后土体的孔隙水压力指标,发现该断面孔隙水压力消散较慢。这可能是由于路基两侧排水处理设施不到位,两侧排水边沟清理不够彻底,沟内水位过高,影响路基排水。没有打设排水板,缺乏排水路径,导致冲击碾压及过后的排水效果较差。因此建议在冲击碾压路段可加设排水板。

由于沉降量过大会造成施工期路基的不均匀沉降,且在施工期后期沉降变化也相对较大易造成工后沉降量过大,进而影响整个道路的工程质量。为降低工后沉降量,在施工中将采取一定措施将沉降变化控制在施工期范围内,尽量降低工后沉降值,根据该工程特点建议采用预抛高技术和堆载预压技术使沉降变化在施工期内完成。

5.6 小结

(1) 通过对道路沉降观测仪器现状的研究和沉降观测原理的分析研发了一种埋入式沉降观测装置。在观测点埋设沉降观测装置(传感器),在施工区域外埋设观测管,通过PE导管将传感器和观测管连接,手持式激光测距仪观察观测管水位情况,通过沉降计算得到观测点的沉降值。

(2) 在施工中随着路基沉降的发生,观测点埋设的压力计的位移发生变化,即基准点与液管液面之间高度 H_0 和传感器与液管液面之间高度 H_i 发生变化,分别用 JS—1800 传感器和激光测距仪(测管口到液面距离)测出 H_i 与 H_0 的值,两次 $H_i - H_0$ 值的差即为沉降值。若观测管发生沉降,则需要加上观测管的沉降量。

(3) 埋入式激光沉降观测装置是将沉降观测装置埋入地下,观测装置设置在施工区域外。埋入装置上部无其他装置结构设置在工程路基上,不会影响上部结构的施工特别是路基的填筑施工。由于该观测装置设置在施工区域外,在施工期结束后进入运行期亦可进行工后的沉降观测。

(4) 通过沉降观测发现采用蓝派冲击压实后的预测工后沉降值比较大,故需采取相应措施加以控制。经过分析,可采用预抛高技术和堆载预压技术来降低工后沉降值。

第六章

滨海相淤泥质软土地基不均匀沉降
监测－预测－预警一体化系统研究

6.1　引言

现代化交通对地面沉降控制要求极为严格,其不仅是对于路堤稳定,对路堤的工后沉降也有着较高要求。由于滨海相淤泥质软土具有含水量高、孔隙比大、渗透系数小、抗剪强度低、灵敏度高等特点,在其上面修建高等级公路会产生较大的工后沉降。根据现场监测结果,提出一种滨海相淤泥质软土路基的沉降预测方法,针对沉降控制进行预测,分析软土路基沉降控制的效果。

6.2　软土路基沉降预测方法

6.2.1　预测原理

基于沉降监测数据,根据粗糙集理论的关联规则挖掘方法建立判据,研究 LSSVM 理论等深度人工智能理论,结合粒子群优化理论,研究软基路堤不均匀沉降的主要因素。基于土体固结理论,反算土体固结参数,研究不均匀沉降的主要因素对固结参数的影响,建立基于土体固结理论的不均匀沉降预测数学表征。基于软基路堤不均匀沉降预测数学表征,对路基的下一步沉降进行预测,研究"预见性"结果发生的风险程度,提出基于深度人工智能技术的道路沉降预警方法和警戒指标,为软基路堤不均匀沉降提出"预见性"的预警。

6.2.2　模型建立及求解过程

为验证冲击碾压处理方式下的路基沉降是否符合要求,通过室内次固结试验数据对规范法沉降计算进行修正,使用修正后的沉降计算公式对该断面的沉降进行计算,并预测其工后沉降。

通过试验发现,在振动荷载作用下软土的次固结系数发生了减小。将相同固结压力下原状试样的次固结系数与振动试样的次固结系数相减,得到的差值为次固结系数差。

图 6-1 和图 6-2 为相同荷载条件下原状土次固结系数与振动土次固结系数差值随固结压力变化的曲线。从图中可以看出,曲线在固结压力为 50 kPa 时有明显的分界变化,这是因为此时原状土体和振动土体未达到先期固结压力。由前文可知,在软土的固结压力小于先期固结压力时,软土处于超固结状态,而当软土的固结压力超过先期固结压力以后,软土处于正常固结状态。因此可以将曲线分为两个阶段:超固结阶段(约 0~50 kPa)、正常固结阶段(约大于 50 kPa)。

当原状土体和振动土体都处于超固结阶段,两者次固结系数差随固结压力增加上升

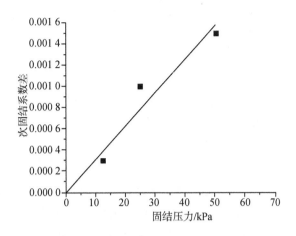

图 6-1 超固结阶段 $\Delta C_\alpha - P$ 关系曲线

较快。这说明在固结压力小于先期固结压力时,次固结压力差值增长较快,即振动荷载下次固结的改变量随固结压力的增加而增加。从图中观察可以得到次固结系数差值 ΔC_α 与固结压力 P 的关系近似可以用直线表示,通过拟合得到该直线的方程表达如下:

$$\Delta C_\alpha = 1.32 \times 10^{-6} P \tag{6-1}$$

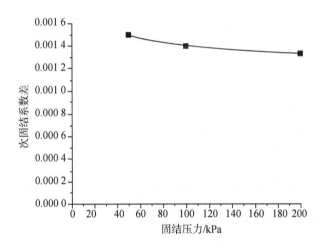

图 6-2 正常固结阶段 $\Delta C_\alpha - P$ 关系曲线

当原状土体和振动土体都处于正常固结阶段,固结压力增加,两者的次固结系数差变化很小。这说明在固结压力大于先期固结压力时,次固结压力差值随固结压力增加变化较小。对所取点进行曲线拟合得到图 6-2,从图中观察可以得到次固结系数差值 ΔC_α 与固结压力 P 的关系近似可以表示为:

$$\Delta C_\alpha = 9 \times 10^{-9} P^2 - 3 \times 10^{-6} P + 1.6 \times 10^{-3} \tag{6-2}$$

因此,振动土即冲击碾压过后软土的次固结系数可以由原状土样的次固结系数表示,结合公式 6-1 和 6-2 推出:

(1) 当固结压力 P 为 0~50 kPa 时:

$$C_{a振动} = C_{a原状} - 1.32 \times 10^{-6}P \tag{6-3}$$

(2) 当固结压力 $P > 50$ kPa 时:

$$C_{a振动} = C_{a原状} - (9 \times 10^{-9}P^2 - 3 \times 10^{-6}P + 1.6 \times 10^{-3}) \tag{6-4}$$

利用规范法对此工况下的淤泥质软土进行沉降计算,因此对规范法公式中的次固结系数进行修正。在冲击碾压影响深度范围内,使用振动土体的次固结系数(由原状土体用公式 6-3、6-4 表示)并通过公式 6-5 进行固结计算,影响范围之外的土体用原状土体的次固结系数通过公式 6-5 进行固结计算。最后使用分层总和法进行软土路基总体沉降的计算。

规范法是使用通过室内次固结试验所得到的次固结系数进行次固结沉降计算的方法,而且主次固结部分需分别进行计算:

$$S_{totalA} = S_{primary} + S_{secondary} = \begin{cases} = U_V S_f, & t \leq t_{EOP,field} \\ = U_V S_f + \dfrac{C_{ae}}{1+e_0}\log\left(\dfrac{t}{t_{EOP,field}}\right)H, & t > t_{EOP,field} \end{cases}$$

$$\tag{6-5}$$

式中:

$S_{primary}$——经过时间 t 的主固结沉降,数值上等于 $U_V S_f$,其中 U_V 是土体的平均固结度,S_f 是由于孔隙体积排除产生的总的固结沉降;

e_o——初始孔隙比;

$S_{secondary}$——为次固结沉降,即 $\dfrac{C_{ae}}{1+e_o}\log\left(\dfrac{t}{t_{EOP,field}}\right)H$,时间从 $t_{EOP,field}$ 开始计算,其中 $t_{EOP,field}$ 与土层的厚度和土体的渗透性有关。

6.3 软土路基差异沉降计算

对冲击碾压处理断面(K1+900)进行沉降计算,该路段路堤设计高度为 3.0 m,使用荷载约为 60 kPa,路堤设计顶宽 70.0 m,路堤边坡坡度为 1:1.000。从图 6-3 可以看出,沉降计算值与现场监测值较为接近,且较监测值小。除此之外,随着碾压过后时间的增加,沉降计算值与现场监测值的差值逐渐变大。沉降计算值曲线较现场监测值曲线收敛程度高。至 2019 年 3 月 12 日,计算所得沉降与现场监测沉降都趋于稳定。

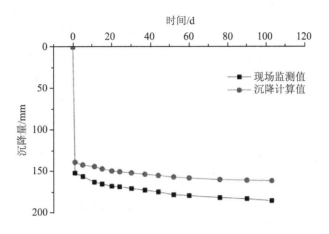

图 6-3　现场监测与沉降计算对比曲线

通过对比发现,至 2019 年 3 月 12 日,沉降计算值与现场监测的误差为 13.5％,具体见下表 6-1。产生误差的原因可能是计算值未考虑施工过程中现场车辆荷载对沉降的影响。另外,两者数值差异 13.5％,差异较小,说明了计算值较为准确。

表 6-1　沉降计算与现场监测沉降量相对误差

	计算值	实测值	相对误差（％）
沉降量（mm）	162.81	186.05	13.5

通过计算,可以得到该断面的最终沉降量约为 1 718.6 mm。图 6-4 为沉降随时间变化的曲线,实线为监测值,虚线部分为计算值。可以看到随时间增加沉降量开始时增长较快,但随着时间的延长,沉降量的增长速率逐渐减小,即路基工后沉降逐渐趋于稳定。

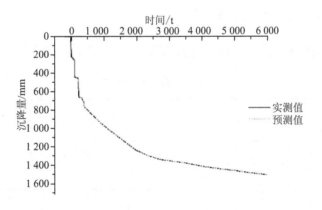

图 6-4　沉降-时间关系曲线

通过冲击碾压处理可对路基的固结效应进行部分消除,减少路基的工后沉降。通过修正过后的规范法进行路基在施工期的沉降计算,然后利用分层总和法(由于土体内附加应力和土体性质不同,计算地基沉降时需对土体进行分层,计算出每一层的沉降,最后再累加,这是土体沉降计算的基本方法)计算该断面在施工期间总的沉降量约为804.9 mm。本文使用理正软件对管桩处理断面(K2+050)的沉降进行计算,得到路基的最终沉降量为35 mm。

万松东路延伸工程的竣工时间为2020年初,由此计算得到路基的工后沉降量如下表所示:

表6-2 不同处理方式下道路工后沉降量表

处理方式	冲击碾压	管桩	差异沉降
工后沉降量(mm)	913.7	35.0	878.7

通过对比冲击碾压区域及管桩处理区域的工后沉降,发现冲击碾压路段施工过后沉降量过大,远超容许工后沉降值0.3 m(见表6-3),且与路桥过渡段(管桩加固区域)沉降量相差较大,两种路基处理方式之间差异沉降达到878.7 mm。这说明两者搭接处差异沉降偏大,很可能在此处产生桥头跳车灾害。

6.4 预警指标

目前的高等级公路路基沉降稳定控制标准一般采用双标准控制,即要求推算的工后沉降量小于按道路等级和设计速度规定的设计容许值,方可卸载开挖路槽并开始路面铺筑。

6.4.1 按道路等级控制沉降指标

关于工后沉降的标准,现行的《公路路基设计规范》所采用的标准见下表:

表6-3 容许工后沉降

工程位置 道路等级	桥台与路堤相邻处	涵洞、通道处	一般路段
高速公路、一级公路	≤0.10 m	≤0.20 m	≤0.30 m
二级公路	≤0.20 m	≤0.30 m	≤0.50 m

6.4.2 按设计速度控制沉降指标

《浙江省公路软土地基路堤设计要点(试行)》根据设计时速的不同,提出了不同的工

后沉降控制标准,如下表:

表 6-4   工后沉降控制标准

路段类型 设计速度	桥头相邻路段	通道、涵洞相邻路段	一般路段
≥100 km/h	≤0.10 m	≤0.15 m	≤0.30 m
80 km/h	≤0.15 m	≤0.20 m	≤0.40 m
≤60 km/h	≤0.20 m	≤0.30 m	≤0.5 m

注:1. 本表仅适用于新建工程;2. 桥式通道按桥头考虑。

按设计速度规定的控制指标明确,操作简单,国内可参照的相关工程实例较多,目前普遍为软基路堤工程所用。本项目卸载标准应该根据设计图纸要求来进行控制。

6.5   监测-预测-预警一体化系统

6.5.1   系统组成

系统由云平台、传感器、数据采集器和现场控制箱构成,如图 6-5 所示。可使用笔记本电脑或手机连接云平台进行操作,也可使用笔记本电脑直接连接现场控制箱进行操作。系统可接入振弦式、电压式、电荷式、数字式等多种信号的传感器,可采集应变、压力、裂缝、位移、沉降、振动、温度、湿度、风速等信息,传感器信号经数据采集器转换为数

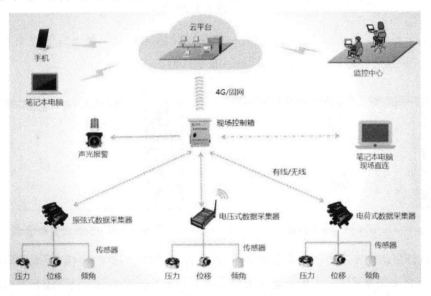

图 6-5   道路远程监测系统拓扑结构

字信号,然后通过有线或无线方式传输到现场控制箱。在现场,可直接使用笔记本电脑连接控制箱,对数据采集器进行配置和数据采集。同时,现场控制箱也可通过 4G 或固网方式,将数据上传至云平台,云平台可以定时采集和保存传感数据,用户可以随时随地使用手机或笔记本电脑登录云平台查看、分析和导出数据。

6.5.2　系统网站

图 6-6 显示了监测-预测-预警一体化系统的登录界面。在界面的中间可输入账号和密码。不同用户登录,其权限不同,界面显示也不同,适合不同单位和级别的人员。

图 6-6　系统登录界面

图 6-7 显示了登录监测-预测-预警一体化系统后的首页。登录后的界面主要分为三个部分,顶部为标题栏,左下部为导航栏,右下栏为主体内容栏。

图 6-7　系统首页

图 6-8　用户信息查看和修改

项目首页的主体内容栏主要包括 3 个方面,左侧的项目视频,右侧的项目概况、监测情况和结论及预警情况。用户信息里可查看和修改各用户的信息,包括用户名、邮箱、手机和密码等,如图 6-8 所示。

图 6-9 显示了在左侧导航栏点击项目概况后的界面。在右侧主体内容栏中,左侧为项目的位置地图,右侧为详细的文字介绍。

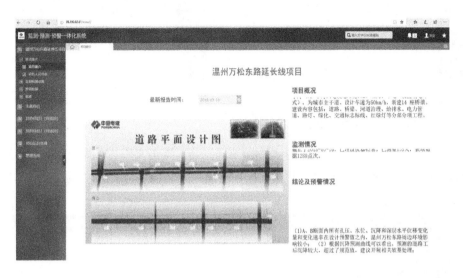

图 6-9　项目概况

图 6-10 显示了在左侧导航栏点击数据展示后的界面。在右侧主体内容栏中,左上部为不同轴线的监测点次,右上部为同一轴线内不同类型的监测次数,左下部为一个轴线中一个测量类型的监测结果。通过点击左上部和右上部土体的柱形图,可显示不同轴线不同类型的结果。

图 6-11 显示了在左侧导航栏点击原始数据后的界面。在右侧主体内容栏中,上部为数据所在截面、轴线、测量类型和测量编号的查询内容,下部为在上部查询内容下查找到的监测结果。

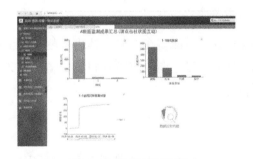 

图 6-10　监测数据时间　　　　**图 6-11　详细监测数据**

图 6-12 和图 6-13 显示了在左侧导航栏点击剖面分析后的界面。在右侧主体内容栏中,上部为数据所在截面、轴线、测量类型和时间的查询内容,下部为在上部查询内容下查找到的剖面图。

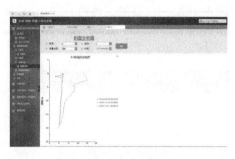

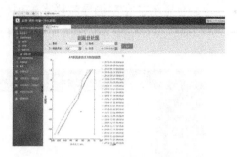

图 6-12 水平位移剖面图　　　　　　　　　　图 6-13 孔压剖面图

图 6-14 是在图 6-10 的基础上增加了预测图形,点击左下方的数据线,右下方即可显示该测点的监测和预测数据。监测数据用点表示,而预测数据用线表示。

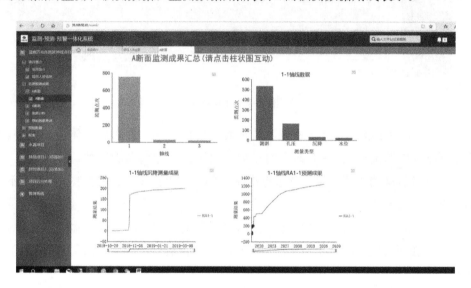

图 6-14 预测图界面

图 6-15 显示了在左侧导航栏点击预警数据后的界面。在右侧主体内容栏中,上部为数据所在时间和测量编号的查询内容,下部为在上部查询内容下查找到的监测结果。如没有数据,则说明项目不发生预警,项目状态良好。

6.5.3 网站功能

系统构建方面,依托埋设沉降观测仪的 K1+900 和 K2+050 典型断面,对其表面沉降、深层水平位移、地下水、孔隙水压力等参数进行监测。基于软土沉降预测方法和差异沉降计算方法,构建嵌入网站的道路沉降预测算法,并在系统中直接展示。根据预警指标,判断道路是否发生预警。

首先,采用 LSSVM 理论对监测的沉降-时间曲线上的所有数据进行分类,基于粒子

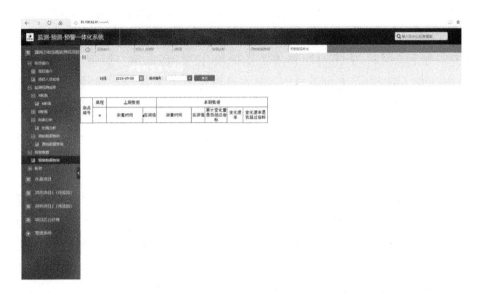

图 6-15　预警数据界面图

群优化理论优化分类后的数据,并针对土体固结理论的数学表征进行拟合,见式

$$S_t = S_\infty (1 - \alpha e^{-\frac{\beta C_v t}{H^2}}) \tag{6-6}$$

式中 S_t 为时间 t 时的土体沉降,S_∞ 为主固结沉降量,t 为时间,C_v 为固结系数,H 为排水路径长度,α 和 β 为系数。其中固结系数是反映现场土体渗透性、初始孔隙比和压缩性的综合参数。主固结沉降量是反映现场土体压缩性的综合指标,如土体性质和含水量。一般来说,土体性质越差,压实度越低,含水量越大,土体的固结沉降量越大。

其次,系统通过粗糙集理论的关联规则自动寻找 S_∞、α 和 β 等最佳匹配,然后再次使用公式 6-6 预测后期土体的其他时刻的沉降。值得注意的是,此时计算的沉降依据土体主固结理论,未考虑次固结过程。

最后,系统还会判断土体沉降与压缩之间的关系。如果预测的沉降月变化速率小于 5 mm/月,则认为土体已经完成了主固结过程,此时需计算土体的次固结。依据公式 6-5 计算土体的次固结沉降,最后累加至主固结沉降中,获取土体的预测沉降。

根据监测或预测沉降数据和预警指标的对比。当监测或预测量小于预警指标时,系统认为此时安全,现场可继续按计划进度开展。一旦监测或预测量大于预警指标,系统会给出预警,提示需要考虑调整现场施工工艺或方案。如果监测或预测的沉降速率大于预警指标时,系统也会给出预警,提示需要考虑增强加固措施或减轻上部荷载。

根据上述原理,整个系统构成可分为数据采集、传输和处理三大模块。其中,数据采集的监测站分别布置在各典型断面,通过各传感器有效监测不同深度的参数变化情况,必要时还需进行监测断面设计和网形设计。

监测-预测-预警一体化系统,功能强大、界面美观、支持响应式布局、操作简洁,使用前后端分离技术,能够接入各种类型的数据采集设备,并可对数据进行存储、可视化展示、分析和导出。同时,云平台还具备项目管理、设备管理、用户管理、视频监控、GIS、BIM 等丰富的应用功能。系统的界面主要有登录界面、工程简介、监测数据、预测分析和预警系统等。

6.6 小结

(1)通过前期埋设的沉降观测装置测的沉降值,将实际沉降值和理论计算数值进行对比分析,构建无线监测系统即监测-预测-预警一体化系统。将实测的沉降数值通过系统传输到现场控制箱,现场控制箱将数据上传至云平台,云平台可以定时采集和保存传感数据,用户可以随时随地使用手机或笔记本电脑登录云平台查看、分析和导出数据。

(2)通过监测数据预测工后沉降值,与工后沉降预警指标对比,当预测工后沉降值超过容许值时发出预警,提醒工程需采取措施降低沉降,进而将沉降控制在允许范围内。

第七章

滨海相淤泥质软土地基
加固数值模拟研究

7.1 引言

由于"监测-预测-预警一体化系统"是基于万松东路 K1＋900 和 K2＋050 两个基准断面沉降观测数值和理论计算数值建立的,因此在实际数值收集方面存在数据收集不足的缺陷,且在本工程运用需待本工程完工后监测工后沉降才能验证其系统的适用性。故"监测-预测-预警一体化系统"在本工程施工期内不能有效地验证其适用性,预测沉降值有可能不具备准确性,为保证该系统的准确性和适用性,需对其数据进行验证。通过何种方法验证"监测-预测-预警一体化系统"的准确性和适用性将是本项研究的关键。

根据万松东路工程的软土特性,采用软土数值分析的有限元软件进行模拟分析,建立软土数值有限元模型对"监测-预测-预警一体化系统"的准确性进行验证。对常用的 PLAXIS、ABAQUS、FLAC3D 等有限元软件对比分析,来选用合适的软件构建土体的非线性和与时间有关的弹粘塑性本构模型。通过模型的选择、土体固结理论、固结计算的研究建立数值模型。ABAQUS 拥有能够反映真实土体性状的本构模型,这些模型可以反映土体的大部分应力应变特点。在万松东路工程中需要考虑土体的非线性和与时间有关的弹粘塑性,而 PLAXIS 中有专门的软土蠕变模型(时间相关行为),所以本次研究选用 PLAXIS 进行数值分析计算。

PLAXIS 是专门用于各种岩土工程问题中变形和稳定性分析的二维有限元计算程序。实际问题可以通过平面应变或者轴对称模型模拟。基于 PLAXIS 强大的模拟复杂工程地质条件的功能,它可以模拟诸如土体的非线性以及与时间的关系、土体中静水压力和超静水压力以及土与结构之间的相互作用等一系列复杂的土工计算难题。应用 PLAXIS 计算土体变形问题主要过程如图 7-1。

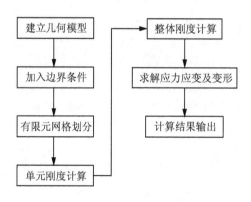

图 7-1　PLAXIS 有限元计算框架图

7.2 数值模型

7.2.1 土体本构模型

在岩土工程上应用有限元分析方法,要求要选择合理的结构模型来模拟土体的相关工程性质。PLAXIS 提供了丰富的土体模型,如软土蠕变模型、摩尔-库仑模型以及自定义土的模型。在研究软黏土蠕变特性方面,PLAXIS 有专门的有限元分析模型。

软土是指接近正常固结的黏土、粉质黏土和泥炭,其特征主要是高度可压缩的。用考虑标准固结仪压力在 100 kPa 下的切线刚度模量,正常固结黏土 $E_{oed}=1\sim4$ MPa,这取决于所考虑黏土的特定类型,说明了软土极高的可压缩性。

软土的另外一个特征是土体刚度的线性应力相关性。根据 Hardening-Soil 模型分析推理得到:

$$E_{oed} = E_{oed}^{ref} \, (\sigma/p^{ref})^m \tag{7-1}$$

根据式(7-1)我们发现这至少对 $c=0$ 是成立的。当 $m=1$ 时可以得到一个线性关系。实际上,当指数等于 1 时,上面的刚度退化为:

$$E_{oed} = \sigma/\lambda^*,其中 \lambda^* = p^{ref}/E_{oed}^{ref} \tag{7-2}$$

在 $m=1$ 的特殊情况下,Hardening-Soil 模型得到:

$$\varepsilon = \lambda^* \sigma/\sigma \tag{7-3}$$

积分此式可以得到主固结仪加载下著名的对数压缩法则:

$$\varepsilon = \lambda^* \ln\sigma \tag{7-4}$$

在许多实际的软土研究中,修正的压缩指数 λ^* 是已知的,可以从下列关系式中算得固结仪模量:

$$E_{oed}^{ref} = p^{ref}/\lambda^* \tag{7-5}$$

从以上的分析中可以发现,Hardening-Soil 模型是非常适合软土的,实际上绝大多数的软土问题都可以用这个模型来分析,但是考虑蠕变,H-S 模型不太适用。所有的软土都有一定的蠕变性质,因此主固结后面总是伴随着一定程度的次固结。假设次固结是主固结的百分之一,那么很明显,蠕变对于主固结量很大的情况下非常重要。比如在软土上修建路基,在路基主固结沉降之后,很长一段时间内都会发生蠕变沉降。在这种情况下需要用到有限元计算得到关于蠕变的估计。

软土一般都会有一定程度的蠕变性质,这样主压缩之后总会跟随一定的次压缩。考虑到软土的次压缩,在进行有限元模拟计算时必须采用软土蠕变模型,软土蠕变模型是较近开发用于处理软基相关沉降变形问题的一类模型。

Buisman 提出了在有效常应力下描述蠕变行为的下列方程:

$$\varepsilon = \varepsilon_c - C_B \log\left(\frac{t}{t_c}\right) \tag{7-6}$$

其中,$t > t_c$,在这里 ε_c 是直到固结结束时的应变,t 是从加载开始量测的时间,t_c 是主固结结束的时间,C_B 是材料常数。将式(7-6)写成式(7-7)的形式如下:

$$\varepsilon = \varepsilon_c - C_B \log\left(\frac{t_c + t'}{t_c}\right) \tag{7-7}$$

其中,$t' = t - t_c$ 是有效蠕变时间,$t' > 0$。

基于 Bjerrum 发表的蠕变方面的研究,Garlanger 提出了下列形式的一个蠕变方程:

$$e = e_c - C_a \log\left(\frac{\tau_c + t'}{\tau_c}\right) \quad (C_a = C_B(1 + e_0)) \tag{7-8}$$

Garlanger 的公式和 Buisman 的公式的差别是细微的。工程应变 ε 被孔隙比 e 所取代,固结时间 t_c 由参数 τ_c 所取代。当 $t_c = \tau_c$ 时,方程(7-7)和(7-8)是相同的。在 $t_c \neq \tau_c$ 的情况下,随着有效蠕变时间 t' 的增加,两种阐述形式之间的差别会逐渐消失。

考虑实际应用,固结试验中通常会假定 $t_c = 24$ h。由于这个特殊的假定,即加载周期与固结时间恰好一致,因此会得到这种主固结过程中没有蠕变的结论。但是这种想法是错误的,即使是高度不可渗透的土样,试样的主固结时间也会低于 1 h。因此所有的超静水压力为零,在这一天接下来的 23 h 内会出现纯蠕变。

Butterfield(1979)给出了另外一种稍微不同的描述次压缩的可能性。

$$\varepsilon^H = \varepsilon_c^H - C\ln\left(\frac{\tau_c + t'}{\tau_c}\right) \tag{7-9}$$

其中,ε^H 可由式(7-9)得到

$$\varepsilon^H = \ln\left(\frac{V}{V_0}\right) = \ln\left(\frac{1+e}{1+e_0}\right) \tag{7-10}$$

下标"0"代表初始值,上标"H"表示对数应变。对于小的应变,对数应变近似等于工程应变,所以有:

$$C = \frac{C_a}{(1 + e_0) \cdot \ln 10} = \frac{C_B}{\ln 10} \tag{7-11}$$

在大应变下,应采用对数应变取代传统的工程应变。

对于变量 τ_c,在这里将描述一种用试验来决定这个变量值的过程。从式(7-9)中关

于时间求微分得到：

$$-\varepsilon = \frac{C}{\tau_c + t'} \tag{7-12}$$

参数 C 和 τ_c 的值根据试验数据来求得。

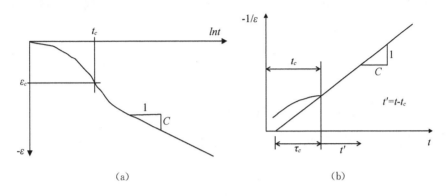

图 7-2　标准固结仪试验中的固结和蠕变行为

图 7-2(a)所示的传统方法和图 7-2(b)所示的 Janbu 方法都可以用于确定常值加载下固结试验中的参数 C。Janbu 的方法更加适用，因为参数 C 和 τ_c 可以通过对数据的直线拟合直接得到。考虑经典文献中的理论，可以由以下形式的方程来描述固结结束时的应变 ε_c

$$\varepsilon_c = \varepsilon_c^e + \varepsilon_c^\tau = -A\ln\left(\frac{\sigma'}{\sigma'_0}\right) - B\ln\left(\frac{\sigma_{pc}}{\sigma_{p0}}\right) \tag{7-13}$$

在上面的方程中，σ'_0 表示加载以前的初始有效应力，σ' 表示最终有效应力。σ_{p0} 和 σ_{pc} 的值分别表示预加载以前和固结结束状态相对的预固结应力。在许多关于固结试验的文献中，使用孔隙比 e 代替 ε，使用 log 代替 ln，使用膨胀指标 C_r 代替 A，以及用压缩指标 C_c 代替 B。上述与 C_r 和 C_c 有关的常数 A 和 B 为

$$A = \frac{C_r}{(1+e_0) \cdot \ln 10}, B = \frac{(C_c - C_r)}{(1+e_0) \cdot \ln 10} \tag{7-14}$$

联合方程(7-9)和(7-13)得到

$$\varepsilon = \varepsilon^e + \varepsilon^c = -A\ln\left(\frac{\sigma'}{\sigma'_0}\right) - B\ln\left(\frac{\sigma_{pc}}{\sigma_{p0}}\right) - C\ln\left(\frac{\tau_c + t'}{\tau_c}\right) \tag{7-15}$$

其中，ε 是时间段 $t_c + t'$ 内有效应力从 σ'_0 增加到 σ' 的总对数应变。

为了推广模型，需要蠕变模型的一种微分形式，因为固结时间在时变加载条件下没有明确的定义。为了解决时变或者连续加载问题，有必要用微分形式来阐述一种本构原理。第一步我们将得到 τ_c 的一个方程，尽管使用了对数应变并且用 ln 替换了 log，方程

(7-15)还是经典的,没有加入新的知识。为了找到 τ_c 的解析表达式,在研究中采用了所有的无弹性应变都是时间相关的这一基本想法。因此,总应变是一个弹性部分 ε^e 和一个时间相关的蠕变部分 ε^c 之和。对于固结仪加载条件下遇到的非破坏情形,不像传统的弹塑性模型那样去假定一个即时的塑性应变分量,而是除了这个基本的概念之外,我们采用了 Bjerrum 的观点:预固结应力完全依赖于在这个时间过程中积累起来的蠕变应变的量。在此我们引入式(7-16),表达式:

$$\varepsilon = \varepsilon^e + \varepsilon^c = -A\ln\left(\frac{\sigma'}{\sigma'_0}\right) - B\ln\left(\frac{\sigma_p}{\sigma_{p0}}\right) \tag{7-16}$$

其中,$\sigma_p = \sigma_{p0}\exp\left(\frac{-\varepsilon^c}{B}\right)$,这里 ε^c 是负值,所以 σ_p 大于 σ_{p0}。土体试样蠕变的时间越长,σ_p 就越大。结合方程(7-15)和(7-16)可以得到预固结压力 σ_p 的时间表达式:

$$\varepsilon^c - \varepsilon^c_c = -B\ln\left(\frac{\sigma_p}{\sigma_{pc}}\right) = -C\ln\left(\frac{\tau_c + t'}{\tau_c}\right) \tag{7-17}$$

在常规固结试验中,加载是逐步增加的,而且每一步的加载要维持一段不变的时间 $t_c + t' = \tau$,其中 $\tau = ld$。

这种逐步加载的方式可以得到所谓的 $\sigma_p = \sigma'$ 的标准固结线。将 $\sigma_p = \sigma'$ 和 $t' = \tau - t_c$ 带入方程(7-17)中可得:

$$B\ln\left(\frac{\sigma'}{\sigma_{pc}}\right) = C\ln\left(\frac{\tau_c + \tau - t_c}{\tau_c}\right) \tag{7-18}$$

式(7-18)是针对 OCR=1 的情况。现在假设 $(\tau_c - t_c) \ll \tau$,相对于 τ,这个量可以忽略,于是有:

$$\tau_c = \tau\left(\frac{\sigma_{pc}}{\sigma'}\right)^{\frac{B}{C}} \tag{7-19}$$

因此 τ_c 既依赖于有效应力 σ' 又依赖于固结结束时的预固结应力 σ_{pc}。

对方程(7-16)求微分得到:

$$\bar{\varepsilon} = \bar{\varepsilon}^e + \bar{\varepsilon}^c = -A\frac{\bar{\sigma'}}{\sigma'} - \frac{C}{\tau_c + t'} \tag{7-20}$$

其中,$\tau_c + t'$ 可以通过方程(7-18)消去得到:

$$\bar{\varepsilon} = \bar{\varepsilon}^e + \bar{\varepsilon}^c = -A\frac{\bar{\sigma'}}{\sigma'} - \frac{C}{\tau_c}\left(\frac{\sigma_{pc}}{\sigma_p}\right)^{\frac{B}{C}} \tag{7-21}$$

将式(7-19)带入(7-21)得:

$$\bar{\varepsilon} = \bar{\varepsilon}^e + \bar{\varepsilon}^c = -A\frac{\bar{\sigma'}}{\sigma'} - \frac{C}{\tau}\left(\frac{\sigma'}{\sigma_p}\right)^{\frac{B}{C}} \tag{7-22}$$

滨海深厚泥质软土地区城市道路地基综合处理关键技术研究

式(7-22)就是 PLAXIS 中软土蠕变模型的理论公式。

比奥固结理论是一种比较完善的固结理论,它包括应力平衡方程、物理方程、几何方程以及连续方程。在这些方程的基础上,可以推得比奥固结有限元方程。它采用增量方式的形式,能够方便地解决非线性、弹塑性和黏弹塑性的固结问题。二维问题下的比奥固结方程:

$$\left.\begin{array}{c} -G\,\nabla^2 w + \dfrac{G}{1-2\nu} \cdot \dfrac{\partial}{\partial x}\varepsilon_v + \dfrac{\partial u}{\partial x}\varepsilon_v + \dfrac{\partial u}{\partial x} = 0 \\[2mm] -G\,\nabla^2 v \dfrac{G}{1-2\nu} \cdot \dfrac{\partial}{\partial y}\varepsilon_v + \dfrac{\partial u}{\partial y}\varepsilon_v + \dfrac{\partial u}{\partial y} = -\gamma \\[2mm] \dfrac{\partial \varepsilon_v}{\partial t} + \dfrac{K}{\gamma_w}\,\nabla^2 u = 0 \end{array}\right\} \tag{7-23}$$

式中:$\varepsilon_v = -\left(\dfrac{\partial w}{\partial x} + \dfrac{\partial v}{\partial z}\right)$ 为平面应变情况下的体应变;

$\nabla^2 = \dfrac{\partial^2}{\partial x^2} + \dfrac{\partial^2}{\partial z^2}$ 为拉普拉斯算子;

G 和 ν 分别为剪切模量和泊松比;

K 和 γ 分别为土体的渗透系数和容重;

w、v、u 分别为该点 x、y 方向的位移和孔压。

式(7-23)的增量形式为:

$$\begin{bmatrix} \overline{K} & K' \\ K'^T & \widetilde{K} \end{bmatrix} \begin{Bmatrix} \Delta\delta \\ \beta \end{Bmatrix} = \begin{Bmatrix} R - R_t \\ 0 \end{Bmatrix} \tag{7-24}$$

式中:$\overline{K}$、K'、K'^T、$\widetilde{K}$ 为劲度系数;

$\Delta\delta$、β 为位移增量和超静孔压值;

R 为外荷载所对应的结点等效荷载;

R_t 为 $t - \Delta t$ 时刻以前发生的位移相对应的应力所平衡的那部分荷载。

7.2.2 几何模型

为了验证第 6 章提出的冲击碾压处理滨海相淤泥质软土路基的沉降变形规律的正确性,将运用有限元程序 PLAXIS 对 K1+900 断面进行分析。考虑到该断面的软土厚度达 22 m,在有限元计算过程中用 Soft-Soil-Creep Model 模拟浅层软土,Mohr-Coulomb Model 模拟路堤填筑和深层土。

现对 K1+900 断面进行数值模拟分析,该断面的物理力学性质指标如表 7-1 所示。

表 7-1　K1+900 断面的土体物理力学性质指标

项目	$D/$ m	$\gamma_{unsat}/$ (kN/m³)	$\gamma_{sat}/$ (kN/m³)	$k_h/$ (m/day)	$k_v/$ (m/day)	ν	E/ Mpa	$C_{ref}/$ (kN/m²)	φ	ψ
杂填土	0.8	16.5	19	1.24×10^{-1}	8.70×10^{-2}	0.30	25.46	12	28	/
淤泥	22.4	13	17.2	5.40×10^{-4}	4.60×10^{-4}	/	2.27	18	7.9	0
黏土	8.2	17.4	19.6	4.10×10^{-5}	3.50×10^{-5}	0.3	5.45	18.0	11.7	/

表 7-1 中,D 表示对应土层厚度,γ_{unsat} 表示土体的天然重度,γ_{sat} 表示土体饱和重度,k_h 表示土体水平渗透系数,k_v 表示土体竖直渗透系数,ν 表示土体变形的泊松比,E 表示土体固结压缩模量,C_{ref} 表示土体粘聚力,φ 表示土体内摩擦角,ψ 表示土体膨胀角。对于淤泥层土采用 Soft-Soil-Creep Model 模型模拟,进行有限元计算时对应的修正压缩指数 $\lambda^* =0.039$,修正膨胀指数 $k^* =4.29\times10^{-3}$,修正蠕变指数 $\mu^* =1.95\times10^{-3}$。

根据 K1+900 断面路基设计表建立蠕变沉降模型如图 7-3。其中,网格粗密程度为中等,本模型没有用细的网格单元,因为中等网格就能满足模拟精度的要求。软土路基使用冲击碾压处理,没有打设排水板,采用平面应变模型,模型采用结构化网格划分方法,试样模型选用 15 节点三角形单元。网格划分如图 7-4 所示。

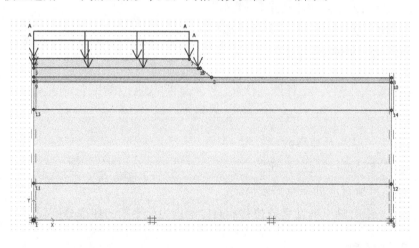

图 7-3　模型建立

基于现场加载卸载情况,详细的模拟过程如下:

(1)建立如图 7-3 所示的平面应变数值模型,设置模型的边界条件和初始条件,完成初始地应力平衡。

(2)设置材料属性和力学性质指标。

(3)模型建立完成后生成网格,网格疏密程度为中等。

(4)设置浅水位和封闭固结边界,本例水位线为原地面线,左侧竖直边界作为一条对称线必须关闭,表现为在水平方向上不会出现水流,另外右侧竖直边界上没有自由水流

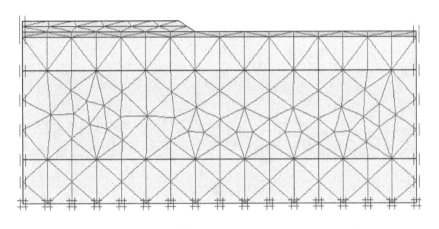

图 7-4　网格划分

流出,因此也必须关闭。

(5) 点击生成水压按钮,生成水压。

(6) 点击生成初始应力按钮,生成初始应力。

(7) 根据现场加载情况设置分布施工,本例共加载(堆载)两次,加荷(冲击碾压)两次,无卸载。详细过程为:堆载→ 冲击碾压→ 堆载→冲击碾压。

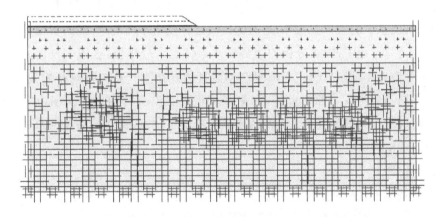

图 7-5　断面 K1+900 地基的初始孔压力分布图(kN/m²)

由图 7-5 可以看出,水位线以下路基的初始孔压力基本随着土层深度的增加而逐步增大。同一深度下,地基中部初始孔压力比两侧略大。整个地基中的初始孔压力介于 0~307.87 kN/m² 之间,最大值位于所研究地基中部最深处。

断面 K1+900 路基初始应力分布如图 7-6,由图可见,地基的初始应力基本随着土层深度的增加而增加,公路中部地基土初始孔压力比两侧略大。整个地基中的初始应力分布介于 0~121.30 kN/m² 之间,最大值位于所研究地基中部最深处。

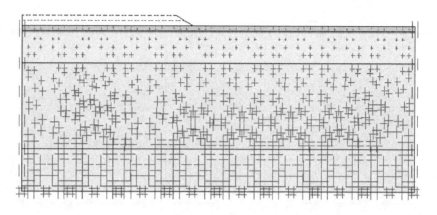

图 7-6　断面 K1＋900 地基初始有效应力分布图(kN/m²)

7.3　计算简化

（1）边界条件及初始条件

鉴于本工程道路左右基本对称,建模时可以模拟路基的一半,选取路基的右半部分作为研究对象。原则上来说,所有边界在各个方向上都必须施加边界条件。对于本项研究问题来说,路基表面为自由变形,地基的侧线边界受水平向约束,底边界受垂直和水平向约束。在计算过程中,固结分析的边界排水条件也十分重要,在没有任何附加输入的情况下,所有边界都是排水的。本例中左侧竖直边界作为一条对称线必须关闭,结果表现在水平方向不会出现水流。此外,右侧竖直边界上没有自由水流流出,也必须关闭。软土层的超静水压可以渗流到下卧的透水亚黏土层中,故底部边界应是透水的。上部边界显然也是透水的。

（2）荷载简化

对于路基填土有两种简化计算方法:其一是将填土作为新的单元参与计算,该方法可以模拟填土和地基的相互作用,但无法模拟线性加载过程;其二是将填土等效为节点荷载来计算,这种方法可以很好地模拟线性加载过程,接近工程实际。在有限元模拟过程中实际的加载过程对计算结果影响很大,所以此项研究采用第二种荷载简化计算方法。

（3）第一时间步长

固结计算分析中,确定一个合理的时间步长尤为关键。如果使用一个小于临界值的时间步长可能会产生应力振荡。PLAXIS程序内的固结选项,在满足最小临界值的前提下,可以完全自动选择时间步长,大大方便了该有限元程序的使用。第一时间步长通常是指固结分析里第一步采用的时间增量,除荷载输入设为增量乘子的情况外,默认情况下,第一时间步长等于总体临界时间步长。

一维固结分析(竖向渗流)中,临界时间步长按下式计算:

$$\Delta t_{\text{critical}} = \frac{H^2 \gamma_w (1-2\nu)(1+\nu)}{80 k_y E(1-\nu)} \quad \text{(15 节点三角形)} \qquad (7\text{-}25)$$

式中:γ_w——孔隙流体的容重;

$\quad\ \nu$——泊松比;

$\quad\ k_y$——竖向渗透系数;

$\quad\ E$——弹性模量;

$\quad\ H$——采用的单元高度。

通常情况下,加密网格的时间步长比粗疏网格的时间步长要小。

(4) 接触面单元

土体与结构之间的相互作用,介于十分粗糙(土与结构无相对滑动)和十分光滑(不能够产生剪应力以阻止土体与结构之间的相对运动)之间。为模拟土与结构的相互作用,PLAXIS 引进了界面单元的概念。PLAXIS 运用一个弹塑性模型描述接触面的性质,来模拟土与结构的相互作用,并用界面强度折减因子 R_{inter} 来反映两者相互作用的程度。根据土体与结构之间相互作用的糙率,R_{inter} 可以分为二种情况:其一,$R_{\text{inter}} = 1.0$,表示土体与结构变形一致,两者间无相对滑动;其二,$R_{\text{inter}} < 1$,表示土体与结构存在相对滑动,界面单元的强度低于周围土体的强度。在本次研究中,根据 PLAXIS 模拟中所采用的各种模型参数,取 $R_{\text{inter}} = 0.6$。

7.4 数值模拟结果分析

采用 PLAXIS 软件对断面 K1+900 超载预压状态进行有限元模拟并进行计算。当填土达到设计填筑高度时,路基和路堤中的有效应力和超静孔隙水压力分布分别如图 7-7 和图 7-8 所示

由图 7-7 可以看出,在填土达到设计标高时,路基自身有效应力比较小,路基下方的地基土的有效应力有所增加但是变化很小。对于远离路基的地基土,填土的影响则更小,几乎可以忽略不计。

在路基填筑及冲击碾压期间,地基土体内的超静孔隙水压力有所增加,越靠近路基中心,这种现象越是明显。由于加载时间较短,冲击碾压及填土引起的超静孔隙水压力根本来不及消散。

从竖向位移图 7-9 可以看出,上部土体的沉降量最大,越靠近坡顶处竖向位移变化越明显,底部土体的沉降量最小。该固结过程发生的最大沉降量为 0.8 m,位移主要发生

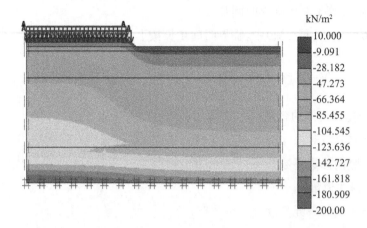

图 7-7　达到设计填筑高度时路基及路堤有效应力分布图

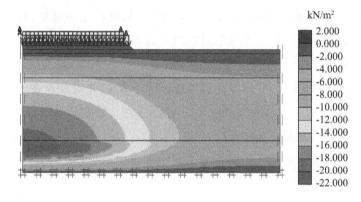

图 7-8　达到设计填筑高度时路基及路堤超静孔隙水压力分布图

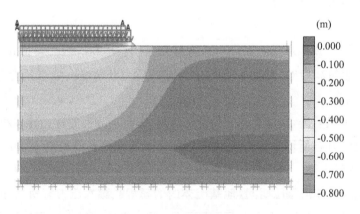

图 7-9　竖向位移图

在加载及冲击碾压时,工程计算土体沉降是从原地面开始。

根据有限元计算结果绘制了路基沉降随荷载变化曲线,如图 7-10 所示。

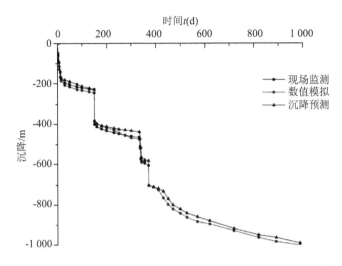

图 7-10　有限元模拟沉降量与荷载关系曲线

　　从图 7-10 可以发现,随着宕渣的填筑,路堤逐渐变高,累计沉降逐渐变大,一次填筑厚度越大,沉降速率也就越大。

　　从图 7-10 可以看出,实测沉降曲线、预测沉降曲线和有限元模拟曲线基本一致,证实了有限元模拟的可靠性以及沉降预测的正确性。

7.5　小结

　　(1) 根据工程特性情况,经过分析采用 PLAXIS 软件系统建立软土数值有限元模型,通过 K1+900 断面的观测数值绘制了地基初始孔压力、地基初始有效应力、达到设计填筑高度时路基及路堤有效应力、超静孔隙水压力和竖向位移等分布图。

　　(2) 根据有限元计算结果绘制路基沉降随荷载变化曲线,表现为实测沉降曲线、预测沉降曲线和有限元模拟曲线基本一致,证实了"监测-预测-预警一体化系统"的可靠性以及沉降预测的正确性。